MANUAL

PARA CONSTRUIR TODA ESPECIE

DE

RELOJES DE SOL

Tipografía de Julián Doria Miguel, Angel, 20.—Barcelona (Gracia)

MANUAL

PARA CONSTRUIR TODA ESPECIE

DE

RELOJES DE SOL

POR

D. J. DE ARFE

4.ª EDICIÓN

ADICIONADO CON UN TRATADO
DE LOS RELOJES DE SOL HORIZONTALES, VERTICALES, LATERALES,
LOS SIGNOS EN TODOS LOS RELOJES DE SOL, ETC.

ASTRONOMÍA

Ilustrado con 28 grabados intercalados en el texto
para su mayor comprensión

BARCELONA
MAMUEL SAURÍ, EDITOR
Oro, 42, pral.—GRACIA
1906

Editorial MAXTOR
Fray Luis de León, 20
47002 Valladolid (España)
+34 983 090 110
pedidos@maxtor.es
www.maxtor.es

I.S.B.N. 978-84-9001-084-6
depósito legal: VA-708-2011

ADVERTENCIA

No hay arquitecto, pintor, maestro de obras ni albañil á quienes no sea, más que útil, necesario este *Manual*, que ofrece á su estudio un abreviado sistema de reglas para construir toda clase de *Relojes de sol*, especialidad de que se carecía hasta la publicación de nuestro tratado.

No es, por cierto, original nuestro trabajo, pues no hemos hecho más que extractar obras de fondo y particularmente la de Arfe y Villafañe que fué tan bien acogida á su aparición y sigue mereciendo bien de las personas competentes; pero no por eso vale menos, teniendo sobre las obras de fondo las ventajas del compendio. Precisión de lenguaje, verdad de reglas, exactitud de aplicación, sencillez en todo: he aquí su mérito.

Para facilitar aún más su inteligencia, se han intercalado en el texto láminas de ilusión, tomadas de la primera edición de las obras de Arte, cuyo auxilio hace innecesaria toda otra consulta.

Con este *Manual* entendemos haber prestado un buen servicio á los competentes y aficionados á la construcción de esta clase de horarios tan útiles en los caseríos y despoblados.

Sírva este beneficio de compensación á nuestro humilde trabajo.

MANUAL

PARA CONSTRUÍR

TODA CLASE DE RELOJES

CAPÍTULO PRIMERO

DE LOS PRINCIPALES CÍRCULOS DE ESFERA PARA LA INTELIGENCIA DE ESTE TRATADO

Para delinear los relojes de sol, que suelen hacerse de oro y plata, y son los horizontales, cilindros y anulares, declararemos con la brevedad posible los nombres de los principales círculos de la esfera, para que sirviéndonos de preliminar, nos facilite la inteligencia de lo que tratemos más adelante. Esfera, es una revolución de un medio círculo alrededor de su diámetro; fórmase prácticamente en un círculo, y la trazaremos oblícua según la tenemos en España, y la tienen en todas las provincias cuyo horizonte es oblícuo respecto del eje sobre que se considera moverse ó girar la tierra.

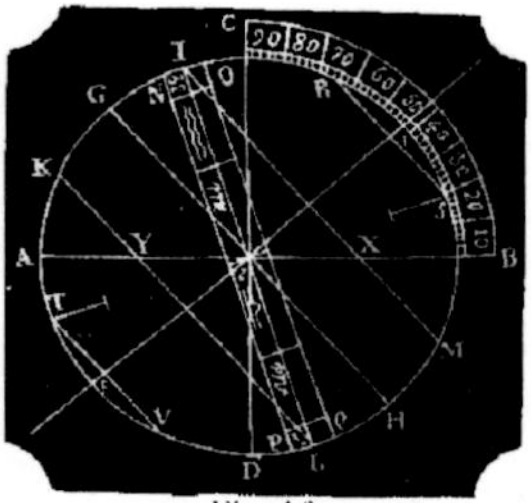

Fig. 1.ª

En este círculo se da un diámetro A B(fig. 1.ª), el cual representa el horizonte, y de allí arriba es lo que vemos de cielo, y el otro semicírculo interior es lo que se nos esconde y oculta á nuestra vista, como lo observamos cuando estando en un campo raso nos parece terminarse el cielo por toda la circunferencia que avistamos. Este mismo círculo se divide en cuatro partes A B C D y el punto C muestra él cenit, que es el que corresponde perpendicularmente sobre nuestra cabeza, y el punto D, su opuesto, es el nadir, que cae perpendicularmente bajo de nuestros pies. Del horizonte B al cenit C, que es una cuarta parte del círculo, se cuentan noventa grados, y por consiguiente en todo el círculo trescientos sesenta; y cada uno de estos grados se subdivide en sesenta minutos. El Polo, ó la dirección que tiene el eje del mundo respecto de nuestro horizonte en Madrid, es el punto E, y está elevado sobre él cuarenta y dos grados desde B á E. Este punto E es el que llamamos norte, desde el cual tirando una línea que pase por el centro Z, señala en el lado opuesto el otro polo que llamamos sur, y es el punto F, y esta línea E F es el eje de la esfera ó del mundo: hecha esta linea se tira G H, que corta el eje por el medio en ángulos rectos, y presenta el círculo equinoccial sobre que camina el sol al principio de primavera y otoño, y tiene de altura sobre nuestro horizonte cuarenta y ocho grados de A en G: tómanse después con el compás desde el punto B veinte y tres grados y medio, y esta distancia se pone á un lado y otro de G en I y en K, y también á ambos lados de H en M y L. Dada una línea de I á M paralela á la equinoccial, señala el trópico de cáncer, por cuyo círculo camina el sol á principio del estío, que es cuando le tenemos más inmediato y más perpendicular sobre nuestro horizonte, y de que proviene la mayor duración del día en aquella estación, por estar en su máxima altura A I; y tirada la línea K L, representa el trópico de capricornio, por cuyo círculo gira el sol á principio del invierno, que es cuando le tenemos más distante, y el día más corto de todo el año. Después se tira una línea de I á L, la cual se llama la eclíptica, y en ella desde I se toman seis grados á cada lado hasta N y O y lo mismo desde L á P y Q; y tirando las paralelas N P y O Q, señalan el zodíaco, que es el sitio de los doce signos por donde pasa el sol, entrando cada mes en el suyo. Tómanse después con el compás veinte y tres grados y medio, y se ponen desde el polo E á ambos lados hasta los puntos R y S, desde los cuales se tira una línea R. S., que representa el círculo ártico; y desde el polo F se hace lo mismo, y se traza la línea T V, que denota el círculo antártico; y hecho esto, se ha de entender que la circunferencia es uno de los círculos coluros que pasa por los trópicos de cáncer y de capricornio, y otro es el que representa la línea de los polos E F, que corta en ángulos rectos al otro G H, que es la de la equinoccial, y pasa por los principios de aries. El círculo de cancer I M dista de la equinoccial veinte y tres grados y medio; y cuando el sol anda en él, sale del horizonte por el punto X, y llega hasta I al mediodía, haciendo, como hemos dicho, el día mayor del año por ir elevado setenta y un grado y medio sobre nuestro horizonte, y es el 22 de junio. Por el círculo de capricornio, que llaman brumal, camina el sol saliendo del horizonte por el punto Y, y llega hasta K al mediodia, haciendo el día menor del año, y es en 22 de diciembre; y cuando el sol camina por el círculo equinoccial saliendo por Z, y llega á G al mediodía, es el día tan largo como la noche; esto es en 21 de marzo y en 23 de septiembre. Los puntos S y T muestran los polos del zodíaco, lo cual basta para que en adelante se entienda lo que trataremos.

El cuadrante es el instrumento fundamental y universal sobre que estriba la construcción de todo genero de relojes de sol, tanto horizontales, como murales, etc. Hácese en un cuarto de círculo partido en noventa grados, dividiéndole primero en tres partes, cada una de estas tres en seis, y cada una de las diez y ocho que resultan, en cinco; y hecho esto, se señalan por los puntos de división los grados de uno en uno y de cinco en cinco como se ve en la fig. 2.

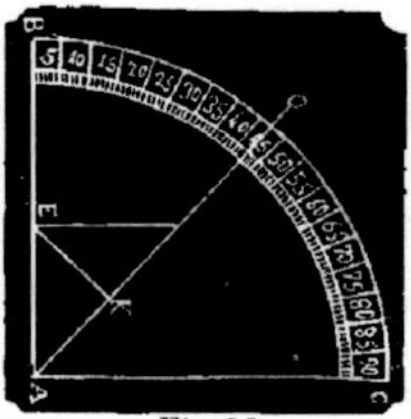

Fig. 2.ª

La línea A B representa el horizonte; la línea A C el círculo vertical, que señala el cénit; y la que va de A á O representa el perno de la equinoccial y eje del mundo, que está elevado cuarenta y dos grados sobre el horizonte de Madrid, según dejamos dicho, y de otros lugares que diremos en las tablas que ponemos más adelante.

CAPÍTULO II

DE LOS RELOJES HORIZONTALES

La construcción del reloj horizontal es tan sabida de todos, que pocos son los que la ignoran; pero para dar principio á los demás, para los cuales es necesaria, y sirve como de base y fundamento, la explicaremos lo primero. Para dar principio á la construcción del reloj horizontal, se pone el cuadrante A B C, fig. 2, el un pie de compás en A, y el otro se tiende por el horizonte A B lo que se quiere; y suponiendo que se tendió hasta E, esta distancia A E es semi-diámetro del reloj que se hiciese.

Desde este punto A se sube una línea E F, que forme ángulos rectos con A B, la cual se llama línea vertical, y la línea A E se dice línea horizontal. Después desde el ángulo E se tira otra línea que cae en ángulos rectos entre F y A determinando el punto K: ésta se dice línea de la equinoccial.

Hecho esto en el cuadrante, se empieza el reloj sobre una línea perpendicular A B (fig. 3), que se llama meridional, la cual se cruza perpendicularmente con otra C D, que se dice de la contingencia. Luego se abre el compás en el cuadrante de E á K, y esta abertura se sienta en la meridional de G á E, desde cuyo punto E se traza un círculo que es el de la equinoccial, el cual se divide en cuatro partes, y la cuarta F G se divide en seis partes iguales; y asentada la regla en el centro E se tiran líneas por los puntos de división, que todas pasan en la línea C D. Después se toma en el cuadrante de la fig. 2 la línea A E, y se pone en el reloj desde

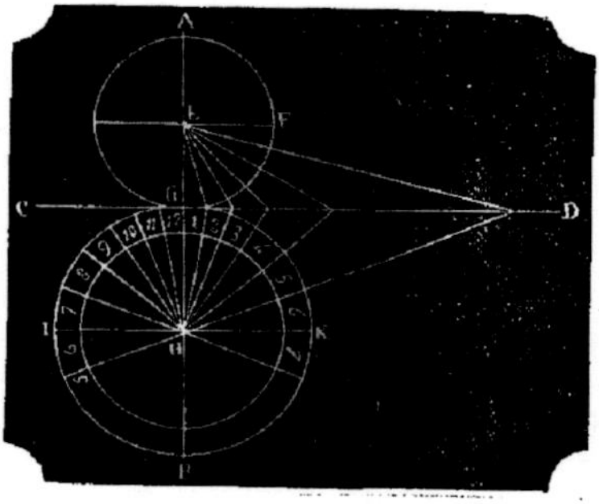

Fig. 3

G á H, y desde este punto se traza el círculo horizontal G K B I; y todas las líneas que se dieron desde el centro E hasta la línea de la contingencia C D, se vuelven de allí al centro H, trasladando en este círculo, al otro lado de G, las mismas líneas con las distancias respectivas de unas á otras, poniendo en los espacios de entre ellos las horas, según que se muestran en la figura. El triángulo A E F que se hizo en el cuadrante fig 2, es el nomon ó veleta, cuya sombra señala las horas en el reloj, en el cual se asienta poniendo el ángulo A sobre H, y el ángulo E sobre G, y estando derechamente te sentado en ángulos rectos sobre la superficie del reloj.

Sabido hacer el reloj en la forma que dejamos dicho, si se hubiese de asentar en alguna parte que haya de estar fijo, ha de ser el asiento á nivel, y se ha de buscar la línea meridiana, ó determinar el punto á donde está el sol al mediodía, de esta manera:

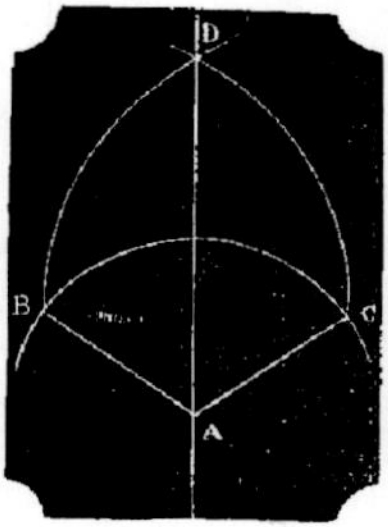

Fig. 4

Procúrese ante todas las cosas que la parte donde se hubiese de asentar éste á nivel como hemos dicho, y clávese en el medio un perno ó varilla igualmente delgada, que por todos lados esté en ángulos rectos con la superficie, comprobándolo con la escuadra, cuyo asiento será el punto A (fig. 4) y mírese donde llega la sombra de la varilla á una hora determinada, como, por ejemplo, á las diez de la mañana, señalada por un buen reloj de faltriquera ó de sol; y suponiendo que llegaba al punto B, se señalará este punto, y quitando la varilla se sentará un pie del compás en el punto A, y con el otro se trazará un círculo que pase por el punto B. Después se volverá á clavar en la forma dicha la varilla en el punto A y se observará dónde llega la sombra á otra hora igualmente distante de las doce ó mediodía, como lo está la hora de las diez que son las doce; y quitando la varilla, y señalando el punto que se supone será C, se sentará el compás sucesivamente en B y C y se trazarán dos arcos B D y C D que se crucen en D, desde cuyo punto á A se tirará la línea A D, que será la verdadera que muestra el mediodía, en cuyo derecho se asienta la meridiana del reloj, y se asienta el nomon para que apunte las horas.

Si se le hubiese de poner aguja, se ha de mirar cuánto nordestea en el lugar donde se hubiese de hacer el reloj. Nordestear, se llama lo que se desvia de la línea meridiana hacia el Norte; y conforme á los grados que nordesteare, se ha de hacer la señal de la aguja en la cajuela donde se pone, para que puesta en aquel derecho, esté el reloj al mediodía, y señale el nomon las horas ciertas.

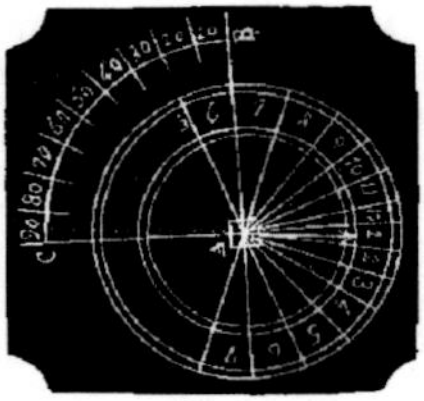

Fig. 5.

Para todo esto se ha de hacer el cuadrante A B C (fig. 5), dividido en noventa grados; y en la línea meridiana, que ha de ser un lado C A del cuadrante, se pone la aguja sobre una puntilla muy sutil, y luego ella se desvía poco ó mucho hacia el Norte; de manera que de lo dicho se infiere que si se pone la aguja en el punto A, y nordestea cinco grados, se ha de dar una línea hasta A, que pase adelante, y ésta será oculta de puntos, y en ella se señalará la aguja como hemos dicho.

CAPÍTULO III

DE LOS RELOJES CILINDROS

Para formar los cilindros y ánulos, es necesario poner primero las tablas de las diferentes alturas de polo de los pueblos más notables de España, para que sirvan en el lugar que quisieren, pues toda ella desde Gibraltar hasta Santillana, está en nueve grados de altura, porque Gibraltar está en treinta y siete grados y Asturias en cuarenta y cinco. Estos grados, ya dijimos en la figura de la esfera, que cada uno tenía sesenta minutos, y así he dispuesto el poner en las tablas minutos. También he puesto los lugares en los grados en que están en todo su paralelo; que es lo que tienen de altura de grado en grado, sin los minutos que tuviese; quiero decir, que si un lugar estuviese en treinta y ocho grados y treinta minutos de altura de polo, se tomará la tabla de treinta y nueve grados, porque medio grado más ó menos en los relojes, no causa sensible diferencia. Igualmente he puesto en las tablas en las casillas de las horas, los grados y minutos, y he quitado de ellas los medios, tercios y cuartos, porque eran de mucha confusión para los que no estaban muy versados en las matemáticas; además que los relojes se trazan con más puntualidad y seguridad por grados y minutos que no por tercios, medios y cuartos; los cuales equivalen: el tercio á veinte minutos, el medio á treinta, y el cuarto á quince; cuyo modo de contar usaron los antiguos matemáticos, como Tolomeo y otros.

Empieza España por la parte de Mediodía en el estrecho de Gibraltar, y tiene por la parte de Oriente, hacia el mar Mediterráneo, el reino de Granada, el de Murcia, el de Valencia y el de Cataluña, donde fenece en las faldas de los montes Pirineos por aquella parte; y á la parte de Occidente, hacia el mar Océano, tiene el reino de Portugal y el de Galicia; por la parte de Septentrión, hacia el mar de Aquitania, tiene el principado de Asturias, el señorío de Vizcaya, el reino de Navarra; y llega también á los Pirineos, que son los montes que la separan de Francia. Estas tablas muestran los grados en cada casa, y también las horas en todas las ocho que tienen, según que en ellas se verá, y los meses de dos en dos, salvo Junio y Diciembre, que son los extremos ó épocas de la mayor ó menor altura del sol sobre el horizonte.

POSICIONES DE VARIOS PUNTOS DE ESPAÑA

Esta primera tabla que será de treinta y siete grados, comenzando á contar por el lado del poniente, toma desde Sanlúcar de Barrameda hasta Fuengirola; y tiene los lugares siguientes en la punta ó cabo de esta parte:

Algeciras.
Arcos.
Alcalá de los Gazules.
Barbate.
Cádiz.
Estepona.
Fuengirola.
Gibraltar.
Medinasidonia.
Marbella.
Puerto de Sta. María.
Puerto Real.
Ronda.
San Pedro.
Sanlúcar.
Tarifa.

TABLA PRIMERA PARA TREINTA Y SIETE GRADOS

POLO		12	11 1	10 2	9 3	8 4	7 5	6 6	5 7
37.		G. M.	G. M.	G. M.	G. M.	G. M.	G. M.	G. M.	G. M.
I		76 30	71 20	60 57	49 17	37 19	25 26	13 58	2 53
M	I	73 12	68 43	58 58	47 33	35 58	23 41	12 0	48
A	A	64 30	61 9	52 55	42 20	30 45	18 49	6 53	acaba en 6 de Leo.
M	S	53 0	50 29	43 46	34 23	23 32	11 56	acaba en 1º de Libra	
F	O	41 30	39 29	33 54	26 41	15 45	4 44		
E	N	32 48	31 5	26 11	18 48	10 0	acaba en 24 de Escorpión.		
D		29 30	27 52	23 13	16 8	6 39			

Esta tabla segunda de treinta y ocho grados toma desde Sigres en Portugal, llega hasta Muxacra en el reino de Granada, pasa por Andalucía, y tiene estos lugares:

Ardales.
Archidona.
Antequera.
Alhama.
Almería.
Ayamonte.
Alpidum.
Carpa.
Castromarín.
Cuba.
Faro.
Huelva.
Jerez de la Frontera.
Jimena.
Játiva.
Lebrija.
Loja.
Lagos.
Mairena.
Marxena.
Morón.
Muxacra.
Málaga.
Mogner.
Niebla.
Osuna.
Palos.
Paymogo.
Sevilla.
Salobreña.
Silbes.
Segres.
Teba.
Tabila.
Villalva.

TABLA SEGUNDA PARA TREINTA Y OCHO GRADOS

POLO 38.	12	11 1	10 2	9 3	8 4	7 5	6 6	5 7
	G. M.	G. M.	G. M.	G. M.	G. M.	G. M.	G. M.	G. M.
I	75 30	70 39	60 37	49 9	37 22	25 38	14 13	3 21
M I	72 12	67 58	58 33	47 21	35 37	23 50	12 16	1 3
A A	63 30	60 18	52 19	41 58	30 35	18 49	7 3	acaba en 8 de Leo.
M S	52 0	49 34	43 2	33 52	23 12	11 46	acaba en 1º de Libra	
F O	40 30	38 33	33 6	25 3	15 16	4 25		
E N	31 48	30 7	25 20	18 5	9 3	acaba en22de Escorpión.		
D	28 30	26 54	22 21	15 24	6 39			

Esta tercera tabla es para treinta y nueve grados, toma desde Setubal, en Portugal, llega hasta Cartagena en el reino de Murcia, por Andalucía y reino de Granada, y tiene estos lugares:

Adanuz.
Aguilar.
Andújar.
Alcalá la Real.
Alcaudete.
Belalcazar.
Baeza.
Córdoba.
Cartagena.
Zafra.
Cazalla.
Carmona.
Cabra.
Cazorla.
Caravaca.
Cieza.
Caperica.
Ecija.
Fregenal.
Feseira.
Granada.
Guadalcanal.
Guadix.
Horatán.
Jaén.
Lucena.
Llerena.
Lorca.
Murcia.
Mallorca.
Menorca.
Montemayor.
Martos.
Orihuela.
Palma.
Priego.
Setubal.
Baena.
Ubeda.
Hinojosa.

TABLA TERCERA PARA TREINTA Y NUEVE GRADOS

POLO 39.	12		11 1		10 2		9 3		8 4		7 5		6 6		6 7	
	G.	M.	G.	M.	G.	M.	G.	M.	G.	M.	G.	M.	G.	M.	G.	M.
I	74	30	69	57	60	15	49	1	37	24	25	49	14	32	3	49
M I	71	17	67	11	38	6	47	8	35	35	23	58	12	33	1	38
A A	62	30	59	26	51	43	41	36	30	25	18	49	7	12	acaba en 10de Leo.	
M S	51	0	48	39	42	18	33	20	22	52	11	36	acaba en 1º de Libra			
F O	39	30	37	36	37	17	24	24	24	48	4	6				
E N	30	48	29	9	24	29	17	12	8	28	acaba en 20 de Escorpión.					
D	27	30	25	27	21	29	14	39	6	6						

Esta tabla cuarta de cuarenta grados de altura toma desde Ataguya, en Portugal, pasa por Extremadura hasta el reino de Murcia, llega hasta Alicante, y tiene estos lugares:

Aracena.	Cintra.	Montalegre.
Alburquerque.	Cañaveral.	Monforte.
Almodóvar.	Denia.	Montalbán.
Almagro.	Deleitosa.	Medellín.
Albarén.	El Viso.	Montaches.
Alicante.	Elche.	Puebla de Alcocer.
Almansa.	Elbes.	Perera.
Ataguya.	Ebora.	Palabón.
Azuaga.	Feria.	Ruesta.
Alhangüe.	Formentera.	Ronches.
Albuten.	Guadalupe.	Ribera.
Almendral.	Gumera.	Santarén.
Badajoz.	Galisteo.	Sigura.
Belén.	Hornachos.	Trujillo.
Baños.	Jijona.	Vilches.
Calzada.	Lamego.	Veleda.
Ciudad Real.	Lisboa.	Villajoyosa.
Calatrava.	Lemos.	Zafra.
Chinchilla.	Mérida.	

TABLA CUARTA PARA CUARENTA GRADOS

POLO 40.	12	11 1	10 2	9 3	8 4	7 5	6 6	5 7
	G. M.	G. M.	G. M.	G. M.	G. M.	G. M.	G. M.	G. M.
I	73 30	69 12	95 51	48 51	37 25	25 59	14 51	4 10
M I	70 12	66 24	37 38	46 55	35 33	24 5	12 49	2 3
A A	61 30	58 34	51 6	41 13	30 14	18 49	7 22	acaba en 12de Leo.
M S	50 0	47 44	41 34	32 48	22 31	11 26	acaba en 1º de Libra	
F O	38 30	36 39	31 28	23 45	14 19	3 48		
E N	29 48	28 12	23 37	16 39	7 54	acaba en18de Escorpión.		
D	26 30	24 59	20 37	13 55	5 27			

Esta quinta tabla de cuarenta y un grados, toma desde Buarcos, en Portugal, pasa por el reino de Toledo y el de Valencia, y llega hasta Cañete, tomando en este paralelo estos lugares:

Alcántara.
Almaraz.
Alarcón.
Albufera.
Coria.
Cáceres.
Consuegra.
Cervera.
Cañete.
China.
Coimbra.
Cartizos.
Coraguada.
Gandía.
Grao de Valencia.
Horcajada.
Illescas.
Ibiza.
Losa.
Malagón.
Noya.
Murviedro.
Orgaz.
Oropesa.
Plasencia.
Pesquera.
Pedernida.
Puebla de Montalbán.
Rifana.
S. Martín de Valdeiglesias.
Segorbe.
Toledo.
Talavera.
Torrijos.
Torrezola.
Torrejón de Velasco.
Villa Real.
Valencia del Cid.
Yaquesa.
Yepes.

TABLA QUINTA PARA CUARENTA Y UN GRADOS

POLO 41.		12		11	1	10	2	9	3	8	4	7	5	6	6	5	7
		G.	M.	G.	M.	G	M.	G.	M.	G.	M.	G.	M.	G.	M.	G.	M.
I		72	30	68	27	59	26	48	41	37	25	26	59	15	10	4	44
M	I	69	12	65	36	57	8	46	40	35	30	24	12	13	6	2	29
A	A	60	32	57	41	50	28	40	49	30	2	18	48	7	31	acaba en14de Leo	
M	S	49	0	46	47	40	49	32	15	22	10	11	10	acaba en 1.º de Libra			
F	N	57	30	35	42	30	39	23	5	13	50	3	29				
E	O	28	48	27	14	22	46	15	55	7	20	acaba en 10 de Escorpión.					
D		25	30	24	1	19	45	13	10	4	51						

Esta tabla sexta, de cuarenta y dos grados, toma desde la ciudad de Oporto, en Portugal, pasa por Castilla la Vieja y por Cataluña hasta Tortosa, tiene estos lugares:

Alba de Tormes.
Avila.
Arévalo.
Alcalá de Henares.
Alava.
Albarracín.
Alambra.
Alcanar.
Aveiro.
Béjar.
Ciudad-Rodrigo.
Cadahalso.
Cherca de Huete.
Cifuentes.
Chillarón.
Empulla.
Tintaner.
Guadalajara.
Ganaloyas.
Galera.
Guimaraes.
Huesca.
Madrid.
Molina.
Montagudo.
Mirabel.
Moncolibre,
Porto.
Peñaranda.
Padilla.
Salamanca.
Segovia.
Sepúlveda.
Torralba.
Traigura.
Tortosa.
Villacastín.
Viseo.
Xeadalbatasin.

TABLA SEXTA PARA CUARENTA Y DOS GRADOS

POLO 42.	12	11 1	10 2	9 3	8 4	7 5	6 6	5 7
	G. M.	G. M.	G. M.	G. M.	G. M.	G. M.	G. M.	G. M.
I	71 30	67 41	58 59	48 29	37 25	26 18	15 28	5 11
M I	68 12	64 47	56 37	46 25	35 27	24 19	13 22	2 5
A A	59 30	56 48	49 49	40 25	29 50	18 47	7 40	acaba en 10de Leo.
M S	48 0	45 52	40 4	31 42	21 49	11 5	acaba en 1º de Libra	
F O	36 30	34 45	29 49	22 26	13 20	3 9		
E N	28 48	26 14	21 52	15 10	6 44	acaba en14de Escorpión,		
D	24 30	23 3	18 32	12 5	4 44			

Esta séptima tabla es para cuarenta y tres grados, toma su paralelo desde Redondela, en Galicia, pasa por Castilla y Cataluña hasta Barcelona, y tiene estos lugares:

Aranda de Duero.
Avilafuente.
Almazán.
Atienza.
Alaejos.
Berlanga.
Belpuig.
Barcelona.
Braganza.
Zamora.
Coca.
Zaragoza.
Calatayud.
Daroca.
Falcet.
Ariza.
Ontiveros.
Amusco.
Lérida.
Medina de Rioseco.
Medina del Campo.
Medinaceli.
Monserrate.
Moncada.
Molgar.
Olmedo.
Osma.
Orense.
Peñafiel.
Pontevedra
Ricla.
Rivadavia.
Redondela.
Sigüenza.
Toro.
Tarragona.
Tuy.
Ureña.
Valladolid.
Villalpando.
Viana
Villa-Real.
Islas de Bayona.

TABLA SÉPTIMA PARA CUARENTA Y TRES GRADOS

POLO 43.		12	11 1	10 2	9 3	8 4	7 5	6 6	5 7
		G. M.	G. M.	G. M.	G. M.	G. M.	G. M	G. M.	G. M.
	I	70 30	66 54	58 31	48 16	37 24	26 27	15 47	5 39
M	I	67 17	63 58	56 5	46 7	35 21	24 24	13 37	3 19
A	A	58 30	55 55	49 10	40 0	29 37	18 48	7 49	acaba en 18 de Leo
M	S	47 0	44 57	39 18	31 8	21 27	10 55	acaba en 1.° de Libra	
F	O	35 30	33 48	29 0	21 46	12 51	2 50		
E	N	26 48	25 19	21 2	14 28	6 11	acaba en 12 de escorpión		
	D	23 30	22 5	18 0	11 40	3 38			

Esta octava tabla es para cuarenta y cuatro grados, toma desde Monquia, en Galicia, pasa por el reino de León y el de Aragón hasta Rosas, tiene estos lugares:

Astorga.
Agreda.
Burgos.
Briviesca.
Barbastro.
Benavente.
Becerril
Carrión de los Condes.
Covarrubias.
Calahorra.
Cardona.
Castrojeriz.
Cababelos.
Empurias.
Frías.
Fomestras.
Gerona.
León.
Lara.
Logroño.
Lerma.
Lugo.
Luna.
Labañesa.
Miranda de Ebro.
Martos.
Monzón.
Mongía.
Melide.
Mayorga.
Noya.
Nájara.
Palencia
Ponferrada.
Puerto Marín.
Padrón.
Saldaña.
Salas.
Soria.
Santiago.
Sarriá.
Sahagún.
Tabara.
Vilafranca.
Valderas.
Valduerma.
Vilamañán.
Valencia de D. Juan.

TABLA OCTAVA PARA CUARENTA Y CUATRO GRADOS

POLO 44.	12	11 1	10 2	9 3	8 4	7 5	6 6	5 7
	G. M.	G. M.	G. M.	G. M.	G. M.	G. M.	G. M.	G. M.
I	69 30	66 5	58 2	48 2	37 22	26 36	16 5	6 6
M I	66 12	63 7	55 32	45 50	35 16	24 30	13 53	3 34
A A	57 30	55 1	48 30	39 34	29 24	18 43	7 58	acaba en 20 de Leo
M S	46 0	44 1	38 32	30 34	21 5	10 44	acaba en 1.º de Libra	
F O	34 30	32 51	28 10	21 6	12 21	2 31		
E N	25 48	24 21	20 10	10 50	5 36	acaba en 10 de escorpión		
D	22 30	21 7	17 7	13 44	3 2			

Esta novena y última tabla de cuarenta y cinco grados, toma desde la Coruña, pasa por las Asturias, Vizcaya y reino de Navarra hasta Perpiñán, y tiene estos lugares:

Artedo
Avilés
Alegría
Anso
Aisa
Vivero
Bermeo
Bilbao
Bayona
Verdún
Coruña
Castropol
Cangas de Tineo
Castro
Contrasta
Coraoz
Colina
Canfranc
Candalup
Colipre
Durango
Espinosa de los Monteros
Espinal
Elna
Ferrol
Fuenterrabía
Gijón
Guetaria
Hecho
Hato
Jaca
Luarca
Laredo
Liaño
La Guardia
Lequeitio
Leucata
Malpica
Medina de Pomar
Motrica
Monreal
Navía
Narbona
Oviedo
Ondarroa
Portugalete
Pamplona
Puente la Reina
Perpiñán
Riva de Sella
Ruesta
Roncesvalles
Rentería
Rivadeo
Santa Marta
S. Vicente
Santillana
Santander
Santa Justa
Salvatierra
Estella
Segura
S. Sebastián
S. Juan del Pie del Puerto
Sigres
Salsas
S. Elino
Tolosa
Tafalla
Trevas
Villaviciosa
Villar
Victoria
Valderroncal
Valdanso
Valdaisa

TABLA NOVENA PARA CUARENTA Y CINCO GRADOS

POLO 45.	12	11 1	10 2	9 3	8 4	7 5	6 6	5 7
	G. M.	G. M.	G. M.	G. M.	G. M.	G. M.	G. M.	G. M.
I	68 30	65 17	57 31	47 46	37 19	26 44	16 23	6 33
M I	65 12	62 16	54 58	45 31	35 10	24 35	14 8	4 9
A A	56 30	54 7	47 49	39 7	29 10	18 41	4 6	acaba en 22 de Leo.
M S	45 0	43 5	37 46	30 0	20 42	10 33	acaba en 1° de Libra	
F O	33 30	31 54	27 29	20 26	11 51	2 12		
E N	24 48	23 23	19 18	13 0	5 2	acaba en 8 de Escorpión.		
D	21 30	20 9	16 14	10 10	2 25			

Para hacer los relojes cilindros y anillos, es necesario conocer los doce caracteres con que se representan los signos por donde pasa el sol caminando por el zodíaco, los cuales se colocan muchas veces cuando el tamaño del reloj lo permite, y para que se conozcan, se ponen en la (fig. 6), colocando al lado en su derecha las primeras letras de los doce meses del año, en los cuales entra el sol el signo correspondiente en esta forma. En 22 de diciembre entra en capricornio, que es primero, y hace el día menor de todo el año por estar lo más distante de nosotros; en 20 de enero en Acuario, en 19 de febrero en Piscis, en 21 de marzo en Aries, y en éste empiezan los nombres de los signos, por ser primero de los septentrionales, y en él son los días y las noches iguales; á 21 de abril entra en Tauro, á 21 de mayo en Geminis, á 22 de junio en Cáncer, y hace el día mayor de todo el año, por estar lo más cerca de nosotros, á 23 de julio entra en Leo, á 23 de agosto entra en Virgo, á 23 de septiembre en Libra, y aquí vuelven á igualar los días con las noches; á 23 de octubre entra en Escorpión, y á 22 de noviembre en Sagitario, con que tiene dada toda su vuelta.

Fig. 6.

Para formar este reloj se hace un cuadrante A B C (fig. 7) partido en noventa grados, y se da una línea perpendicular desde A. Después se toma en el cuadrante la línea meridiana en sesenta y un grados y treinta minutos, que es lo que sube el sol en el trópico de Cáncer. Esta línea se toma puesto el canto de la regla desde el centro C por los setenta y un grados y treinta minutos hasta encontrar la A D, en cuyo punto D será el justo largo de la sombra al medio día en 22 de junio; y el vuelo ó salida del nomon ó veleta que causa la sombra señalando la hora, ha de ser como uno de los lados del cuadrante de A hasta C. Los setenta y un grados y treinta minutos se señalan en la línea A D, haciendo pasar líneas desde el centro C por todas las divisiones de los grados del cuadrante hasta encontrar dicha línea A D, según manifiesta la figura. Después se tira otra línea E F, distante lo que se quiera de A D, y se cierran arriba y abajo. La línea E A representa el horizonte, esto es, para tomar las horas, como se dirá adelante. Este instrumento se hace redondo ó cilíndrico en toda su altura, su horizonte se divide en doce partes iguales para expresar los doce meses del año, cada una, y de estas partes se divide en otras seis para señalar los días del mes de cinco en cinco, porque en estos días es casi insensible la mudanza ó diferencia que el sol muestra en las sombras.

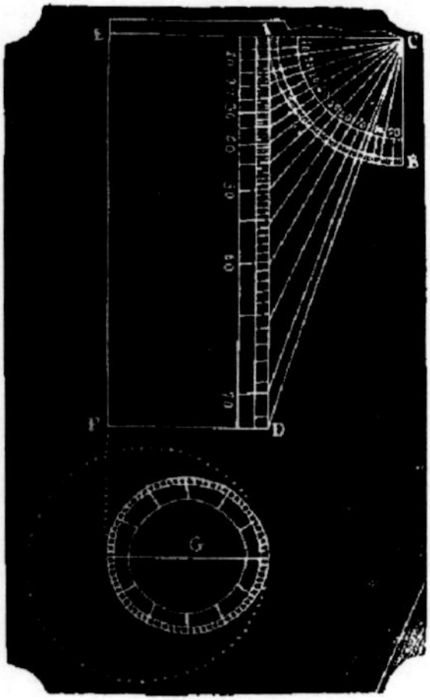

Fig. 7.ª

Como en la forma cilíndrica de la fig. 7, no pueden mostrarse proporcionalmente ni todas las divisiones de los meses ni dias, nos valdremos por esto de tender la circunferencia G en largo, trazando en la fig. 8 y su parte A B, que represente el horizonte, las doce partes dichas de los doce meses, y en cada uno de estos espacios otros seis para los días del mes, por ser lo mismo que si se hiciera en su forma redonda ó cilíndrica, como coluna tan ancha de arriba como de abajo, y en la parte inferior pondremos las letras de los meses, con los signos que les corresponden, advirtiendo que las dos letras primera y última sirven para una división ó mes solo, porque sus líneas son la unión de la figura volviéndola en redondo. Los doce signos empiezan en Capricornio, que corresponden á Diciembre y van procediendo hasta Sagitario, que pertenece á Noviembre, según manifiesta la misma figura.

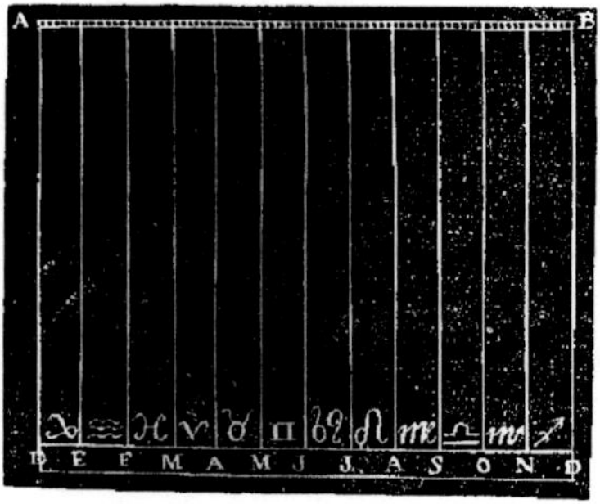

Fig. 8

Para determinar y trazar las líneas de las horas en el cilindro es necesario tener presentes, y valerse de la fig. 7, y la tabla de cuarenta y dos grados de altura de polo, que es la de Madrid, y para esto se mira, en dicha tabla en la casilla ó división de las doce, cuántos grados tiene junio en la primera casa, y se halla que son setenta y un grados y treinta minutos, y tomándolos con el compás en la fig. 7 desde A hacia D, se trasladan en la fig. 9 construída con las mismas dimensiones que la fig. 8, y se sientan en la línea de junio desde el horizonte hasta H señalando este punto. Vuélvese luego á la tabla y se mira los grados que tiene mayo y julio desde el horizonte hasta donde alcance el compás. Vuélvese otra vez á la tabla, y se mira los grados que tienen abril y agosto, que son cincuenta y nueve y treinta minutos, y éstos se toman en la fig. 7 y se trasladan en la fig. 9 á las líneas de abril y agosto desde el horizonte hasta donde en ellas alcance el compás; y de esta manera, señalando en las demás líneas de otros meses las distancias que en la fig. 7 hubiesen determinado los grados y minutos que para cada mes se hayan hallado en la tabla, se descubrirá la línea curva que se

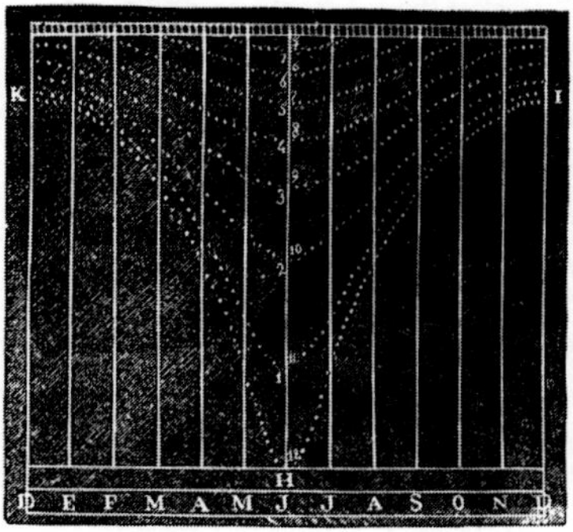

Fig. 9

demuestra en esta fig. 9 con las letras K H I, que es la que señala la sombra causada por el sol en todos los meses del año á la hora de las doce.

Señalada esta curva, se procede para determinar la de las once á la una de esta manera: se buscará en la tabla cuántos grados tiene junio para las once y la una, que son sesenta y siete y cuarenta y un minutos, los cuales se tomarán con el compás en la fig. 7 y se trasladarán en la fig. 9 en la línea de junio desde el horizonte hasta la una y las once; después se volverá á la tabla, y se mirará los grados que tienen mayo y julio en la misma hora ó casilla de las once y la una, que son sesenta y cuatro grados y cuarenta y siete minutos; y tomándolos en la fig. 7 desde A hacia D, se trasladarán á las líneas de mayo y julio desde el horizonte hasta donde alcance el compás en dichas líneas, y de esta manera, procediendo hasta diciembre que tiene veinte y tres grados y tres minutos, y buscando las cantidades de éstos, que la tabla señala para cada hora, y tomándolos en la fig. 7, se trasladarán en la fig. 8, colocándolos en las respectivas líneas de los meses, y que-

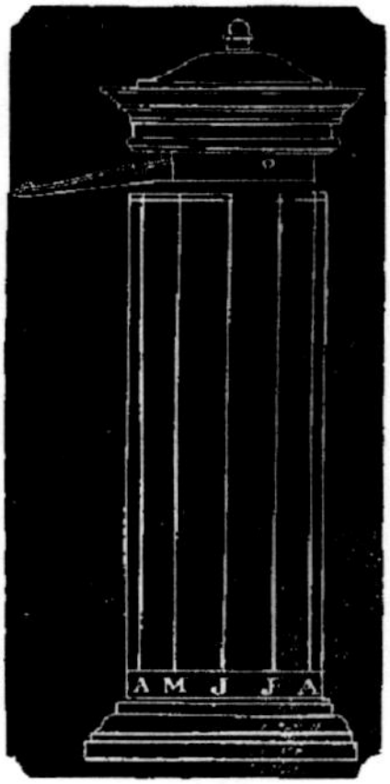

Fig. 10

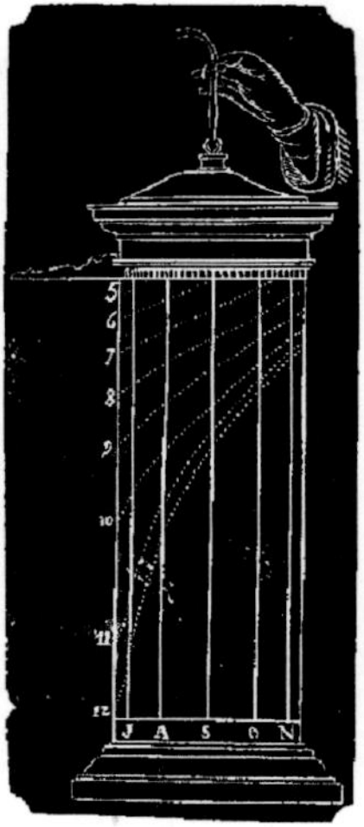

Fig. 11

darán trazadas las diferentes curvas que manifiesta la misma figura para las horas del día que en ellas estarán anotadas. Advirtiendo para esto que la línea de las siete de la mañana fenece en 14 de Escorpión que será á 6 de noviembre los veinte y tres de la entrada del signo y los catorce del signo. La línea de las seis fenece principio de Libra, á 23 de septiembre, y la línea de las cinco fenece en 16 de Leo, que es á 8 de agosto, y por esta cuenta se pone en la parte K, quitando con la pluma los ángulos que hacen las líneas de punto á punto, y así se hará con cualquiera de las tablas.

Este instrumento ó reloj (fig. 10) se hace, se gún hemos dicho anteriormente, cilíndrico, esto es, igual, tan ancho ó grueso por arriba como por abajo, y se le adorna con su basa y remate. Este remate se le hace movible, que venga tan justo con el cañón que pueda moverse igualmente, dando vuelta por todos los meses sobre el horizonte y en él ha de estar clavado el nomon ó veleta que causa la sombra, ó con un pasador, para traerle guardado cuando no fuese menester.

Para mirar las horas, después de hecho el instrumento, saca la veleta fuera, y se pone por los días de los meses en el día que se quiere mirar; quiero decir, que si se quiere mirar la hora en 8 de marzo, se ha de contar en el horizonte del cilindro, donde están los días partidos de cinco en cinco en el mismo mes, y pasado el espacio que hace los cinco primeros días, se colocará en el segundo espacio algo más adelante del medio, que entienda que es algo más; y colgado de esta suerte de un cordón el instrumento, según manifiesta la (fig. 11), como caiga la sombra á plomo, se mira en qué línea pasa, y por la línea donde pasare, se va á las horas, y allí se ve que hora es, bien que las medias y cuartos se han de inferir al poco más ó menos, porque en instrumentos pequeños no se pueden mostrar con más precisión.

CAPITULO IV

DE LOS RELOJES ANULARES

En los relojes que llamamos anulares por formarse en anillos, se hacen también las horas cilíndricas, y para ir sucesivamente las trazaremos en este reloj por la tabla de cuarenta y tres grados de altura de polo. Este reloj se hace en una chapa (fig. 12), cuyos lados sean

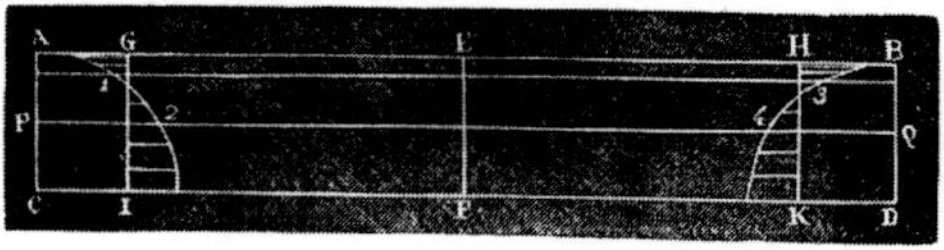

Fig. 12

paralelos, formando ángulos rectos A B C D, y todo su largo se divide por el medio con la línea E F: Después desde los puntos C D como centros, y con la abertura de compás C A ó D B, se trazan dos cuadrantes de círculo, de los cuales se dividen cada uno en tres partes, y por las divisiones 1 3 y 2 4, se tirarán las líneas, y cada espacio de los tres en que se han dividido los cuadrantes se divide en otros tres que hacen en cada uno nueve, y son los noventa grados del cuadrante partidos de diez en diez.

Hecho esto se abre el compás en la figura desde D

hasta F, que es el medio de la sortija, y en este largo se hace la tabla (fig. 13), de noventa grados partidos de diez en diez, después de dos en dos por ser corta la distancia, y mirando en la tabla de cuarenta y tres grados de altura de polo cuántos tiene junio en la casilla de las doce, que son sesenta y treinta minutos, se tomarán ésos con el compás en la figura 13 desde I hácia D, y se pondrán en la figura 12 á un lado y á otro de la línea E F, señalando los puntos G H, desde los cuales se tirarán perpendiculares G I y H K, que representen el horizonte, y en ellas se señalarán los nueve puntos de los cuadrantes que se pusieron en el uno entre K 4, 3 B, y en el otro entre I 2, 1 A.

Fig. 13

Después de hecho esto en esta figura 12 se pasa á hacer la figura 14 bajo las mismas dimensiones, la cual se hace para evitar la confusión que resultaria de tirar en aquélla las nuevas líneas que se han de tirar en ésta; y se ha de advertir que en todas las alturas de polo se han de poner los horizontes por este órden. Tomando

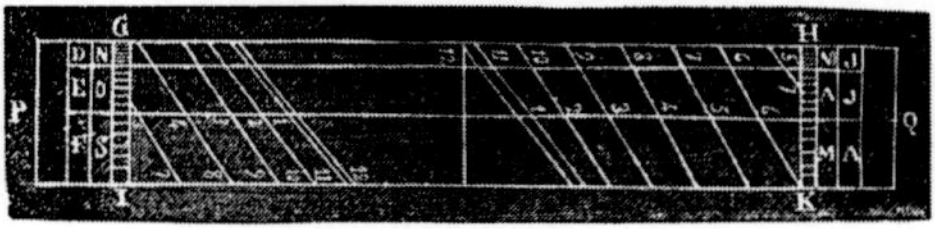

Fig. 14

los grados de la mayor altura, que es en 22 de junio, en la tabla de la fig. 13, y son setenta grados y treinta minutos, que es el complemento á los noventa grados de la fig. 13. todos los puntos y cuartas del círculo no sirven más que para quedar formados los horizontes en sus lugares, y divididas en ellos las doce casas de los signos. En el horizonte G I se ponen los seis meses de invierno y otoño desde setiembre hasta marzo, y en el horizonte H K se escriben los seis meses de verano y estío desde marzo hasta setiembre, y en estos mismos horizontes se apuntan los días de cada mes diez en diez, ó de seis en seis puntos en cada espacio de las paralelas, como se manifiesta en la figura.

Puesta la figura en la forma que dejamos dicha, para señalar las líneas horarias se va á la tabla de cuarenta y tres grados de altura de polo, y se mira cuántos grados tiene junio en la casilla de las doce, que son setenta y tres minutos, los cuales se toman con el compás en la fig. 13, y se trasladan á la fig. 14 desde H, y llegan hasta el medio justamente, cuyo punto se señala; y se va luego de la tabla á la casilla de las once en el mes de junio, y se ve que tiene sesenta y seis grados y cincuenta y cuatro minutos, los cuales se toman con el compás en la fig. 13, y se trasladan á la figura 14, poniéndolos desde H hasta donde alcanza el compás, y allí se señala otro punto; y así procediendo se determinan las demás horas hasta las cinco y las siete, que acaban en 18 de Leo, que será á 16 de agosto. Después de esto se va á la misma tabla de la altura del polo y casilla de marzo y setiembre y se miran los grados que tienen á la hora de las doce, que son cuarenta y siete, y éstos se toman con el compás en la fig. 13, y se trasladan á la fig. 14 desde K, y también desde I hasta donde alcance el compás; y así se prosigue con las demás horas á un lado y otro, señalando sus puntos, hasta las seis que acaba en 1.° de Libra, que es á 23 de setiembre, á la K, y al otro lado acaba en cinco y siete á los 12 de Escorpión, que será á 4 de noviembre. Después se va á la tabla misma de cuarenta y tres grados de altura G y se miran los grados que tiene diciembre á la hora de las doce, que son veintitrés grados y treinta minutos, y éstos tomados por el compás en la fig. 13 á esta figura 14 desde G hasta adelante á donde alcance el compás, y por este mismo método se determinarán los puntos de las demás horas; y dadas después líneas de punto á punto, y escritas las horas, se vuelve la chapa formando una sortija (figura 15), dejando estas líneas á la parte de adentro. En los puntos P Q, que están en la juntura de la chapa, se hace un agujero pequeño para poner un cordón; y en el horizonte G I, entre septiembre y octubre, se hace otro agujero, y entre marzo y abril otro, y por ellos entra el sol á señalar las horas.

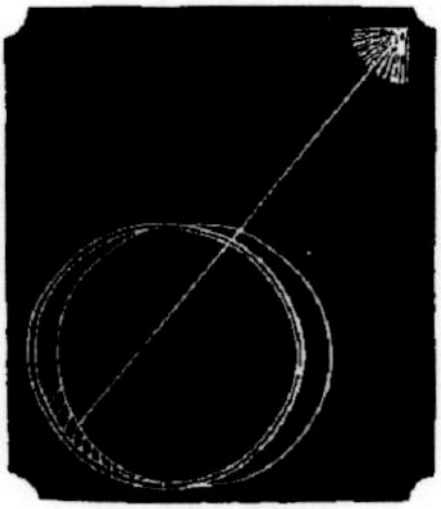
Fig. 15

Es necesario advertir que cuando se miraren las horas en este reloj, se ha de colocar de suerte que entre el sol por el agujero en el paralelo del mes en que se mirare, y al derecho del día de los que están señalados de diez en diez ó de seis en seis en los horizontes. Por esto se entiende, mirando con cuidado, cómo se han de hacer estos relojes cilíndricos y anulares por las alturas que quisieren en toda España. Hay otras maneras de relojes, de que tratan otros autores, pero no tratamos sino de solos los que hacen de metal.

CAPITULO V

ADICIÓN AL TRATADO DE RELOJES DE SOL

En lo que se deja tratado anteriormente en orden al modo de formar los relojes de sol horizontales, se dijo también otros murales, de los cuales nos ha parecido conveniente tratar aquí, para que el aficionado sepa en esta materia cuanto le pueda ocurrir para formar todo género de relojes. Estos relojes murales se llaman así, porque comunmente se hacen en los muros, tapias ó paredes de cualquier fábrica ó edificio donde da el sol, y se llaman verticales, porque no están sentados de plano en alguna superficie como los horizontales, sino vueltos de lado como pegados en la pared.

De éstos unos son verticales meridionales, y son los que están en un muro que mira derechamente al mediodía, y otros son verticales declinantes, porque están sentados en un muro que no mira al mediodía derechamente, sino que se inclina algo hacia levante ó poniente, y otros hay también verticales laterales, los cuales son los que se construyen en una pared que mira derechamente á poniente ó á levante, por lo cual se llaman en el un caso lateral oriental, y en el otro lateral occidental. De todos éstos trataremos con la mayor claridad y brevedad que nos sea posible; pero antes ncs ha parecido conveniente tratar del reloj horizontal, enseñando otro modo más fácil y más seguro que el explicado anteriormente, y es del modo que sigue.

CAPITULO VI

RELOJ HORIZONTAL

Ante todas cosas, trázase un cuadrante A B C (figura 16) el cual se dividirá en noventa grados de diez en diez, y luego divídanse estas nueve partes que resultan, cada una de otras diez, con lo que quedará exactamente dividido el cuadrante según se necesita. Después tírese la línea B D paralela á A C, y desde el centro A tírense radios, que pasen por los quince, por los treinta y por los cuarenta y cinco grados, hasta encontrar la línea B. D, en cuyos puntos se señalarán las horas como manifiesta la figura.

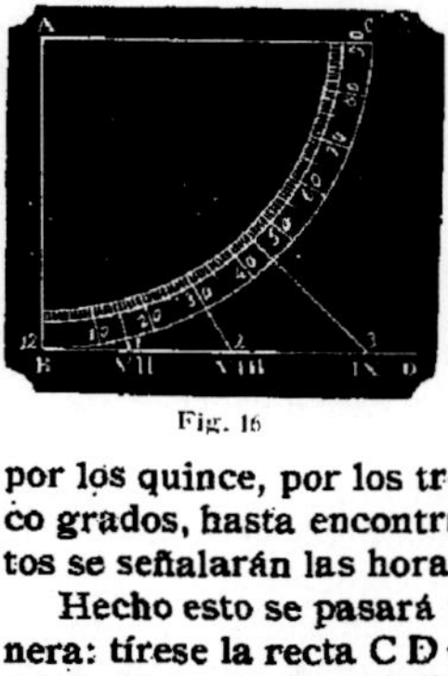

Fig. 16

Hecho esto se pasará á delinear el reloj de esta manera: tírese la recta C D (fig. 17), y perpendicularmente á ésta tírese la línea C S, tómese después el compás y con una abertura igual D B, esto es, con un radío igual al de la cuarta del círculo en que están medidos los grados en la fig. 16, trázase el cuadrante C H D, con lo cual tendremos ya con la línea C S, las doce del día. Para formar ó apuntar las demás horas, es necesario saber la altura de polo, ó lo que es lo mismo, la altura á que está el norte sobre el horizonte en el lugar en que nos hallamos, ó se construye el reloj: y suponiendo ser en Madrid, cuya altura es cuarenta grados y veinte y siete minutos, se tomarán éstos en la cuarta de círculo de la fig. 16 y se pondrán en la cuarta del círculo C D H de la fig. 7 desde H á M, y por este punto M se tirará la línea P N perpendicular á C D, la cual servirá para apuntar las horas señaladas en la fig. 16 que se ha de hacer de esta manera.

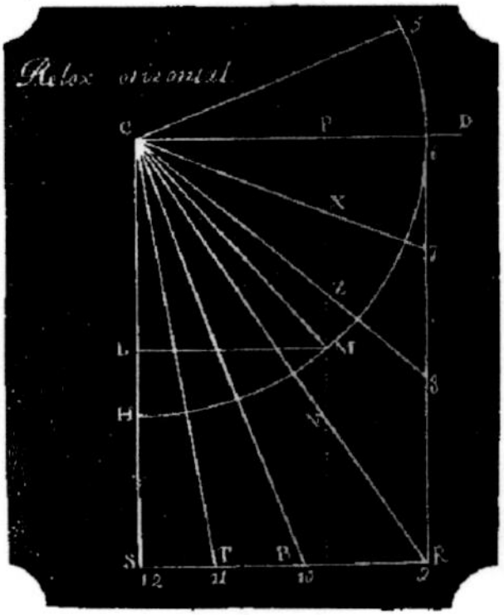

Fig. 17

Desde el punto B se tomarán las distancias de las horas, y se pondrán á la línea P N de fig. 17, esto es, poniendo la distancia de B á la línea de las siete, y la una desde P á X la distancia de B á la línea de las ocho, y las dos desde P á Z. y la distancia de B á la línea de las nueve, y las tres desde P á N con lo que tendremos en X las siete, en Z las ocho y en N las nueve de la mañana. Después para señalar las diez y las once se tirará desde el punto D, extremo del cuadrante en la fig. 17, la perpendicular D R hasta encontrar la línea de las nueve, tirada desde el centro C por el punto N, y desde el punto de contacto R se tirará la línea R S perpendicular á C S, y en ella se pondrá la distancia de B á la línea de las siete, y la una fig. 16 para las once, y la distancia de B á la línea de las ocho, y las dos para las diez desde S T y desde S á B. Después desde el centro C se tirarán las líneas que pasen por los puntos hallados para las horas hasta tocar con la extremidad del reloj, sea cuadrado, ochavado ó redondo, y en la dicha extremidad se pintarán las horas, y estará formado el reloj con todas las horas de la mañana, y si se quieren poner las cinco, no hay que hacer más que alargar el compás la cuarta del círculo C H D y poner en ella la distancia que hay desde el punto D á la línea de las siete, y tirar por allí una línea desde el centro C hasta el extremo del reloj, como manifiesta la figura.

Para formar las horas de la tarde no hay más que trazar otro medio reloj como el que queda explicado, ó abierto el compás con la abertura C H, acabar desde el punto C el semicírculo y trasladar á él las mismas distancias de las horas, con lo que se verá que en la línea C D caen las seis de la tarde, en la C X las cinco, en la C Z las cuatro, en la C N las tres, en la C B las dos y en la C T la una, y si se continuase el semicírculo, como se hizo para las cinco de la mañana, será la línea de las siete de la tarde.

El nomon da este reloj es el triángulo C L M, el cual se corta con la punta de un cortaplumas ó con unas tijeras por las líneas C M y L M, después se doblan sobre la C L, y dejándole á plomo ó en ángulos rectos sobre la línea C S desde el centro C, señalará las horas y servirá para la plantilla ó registro de fijar el nomon ó cortarle en plancha de hierro ó cualquier otro metal. Pero si en lugar del nomon se quiere poner varilla, ésta se debe colocar en ángulos rectos en el punto L; y aunque puede ser tan larga como se quisiese, lo mejor es que no sea más que de L á M, guardando la proporción del semicírculo según su tamaño.

Este reloj así trazado se sentará sobre la meridiana que se haya hallado por el método explicado en la figura 4, de modo que la línea de las doce caiga sobre la meridiana y las doce caigan á la parte del septentrión.

CAPITULO VII.

RELOJ VERTICAL MERIDIONAL

El reloj vertical meridional dejamos ya dicho que es el que se hace en una pared ó tapia que mire la fachada al mediodía sin declinar ni inclinarse más á un lado que á otro. Para hacer este reloj se sigue la misma norma, y se tiran las propias líneas que en el horizontal antecedente, y solamente se diferencia en que se truecan las horas, y así se ve que como en el horizontal la línea X era la línea de las siete de la mañana, aquí la línea A, que es la misma (figura 18), es la línea de las cinco de la tarde, y como allá la línea Z servía para las ocho de la mañana, acá la línea R sirve para las cuatro de la tarde, y así de las demás líneas, sólo la lineas de las seis y la línea de las doce son las mismas en uno y otro reloj.

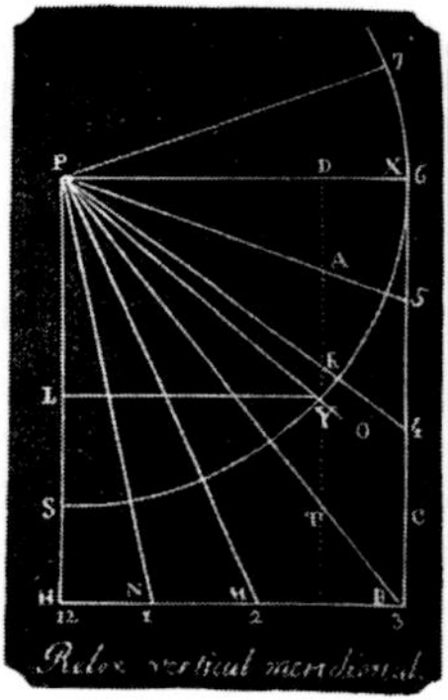

Fig. 18

Diferencíase también en el nomon, porque como allá

en el horizontal se tomaron en la cuarta de círculo desde B hasta C cuarenta grados y veinte y siete minutos, que es la altura de polo de Madrid, acá se han de tomar cuarenta y nueve grados treinta y tres minutos, que es el complemento de la altura del polo, y éstos se han de señalar en la cuarta de círculo desde S hasta Y, y luego se tira una línea D T perpendicular á P X, y otra Y L perpendicular á P H, con lo cual queda hecho el triángulo P L Y, que es el nomon de este reloj vertical, y cortándole como el otro por las líneas P Y y L Y, doblándole á plomo sobre P L, señalará las horas y puede servir de plantilla para cortarle de hierro para estos relojes meridionales.

Este reloj así trazado se sienta sobre la línea meridiana la cual es una línea perpendicular que se forma en la pared ó muralla con un perpendiculo, y se llama línea meridiana, porque en lo bajo de ella caen las doce y la sombra del nomon corre por ella directamente al mediodía.

CAPITULO VIII

RELOJ VERTICAL DECLINANTE

El reloj vertical declinante, así como es el más necesario de saberse, es el más dificultoso en practicarse. Decimos que es el más necesario de saberse, porque es el que más de ordinario suele ocurrir, respecto de ser rarísimas las paredes ó tapias que se hallan mirando de fachada al mediodía, al septentrion, al oriente ó al occidente; pues de ordinario todas las más que miran al mediodía ó septentrión declinan hacia poniente ó hacia levante, por lo cual siempre el reloj ha de ser declinante. Decimos también que es el más dificultoso por la multiplicidad de líneas que son menester para hacerle, y por lo enfadoso que es averiguar cuántos grados declina la pared para que el reloj salga puntual. Uno y otro esperamos tratarlo aquí, y explicarlo con tanta claridad, que ni el tomar la declinación de la pared sea enfadoso, ni al trazar el reloj difícil, sino que con pocas reglas cualquiera pueda con facilidad imponerse de su construcción.

Para tomar la declinación de la pared de mediodía ó de septentrión, á poniente ó á levante, han trabajado mucho los autores; pero el modo más fácil que se ha hallado y enseña la práctica es el siguiente:

Tírese en la pared ó muralla donde el reloj se quiera

hacer, una línea recta como en la (fig. 19) A Z: tírese luego otra perpendicular á ésta como M Q que la cruce en ángulos rectos en S; clávase luego un clavo en M, y átese á él un perpendículo que caiga perpendicularmente por S Q, y cuando sean las doce del día, que

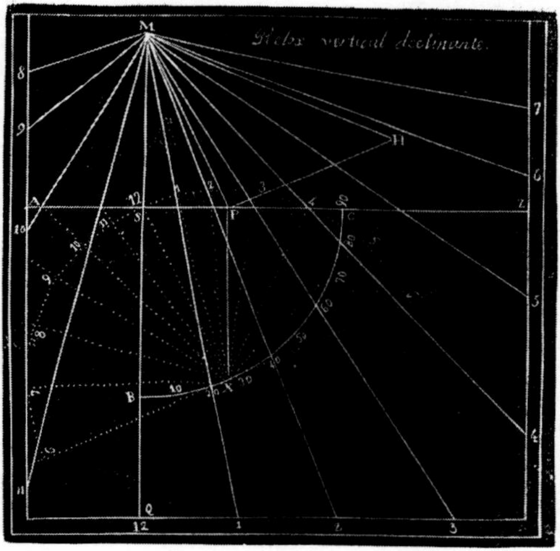

Fig. 19

esto se puede saber por otro reloj de sol ó de faltriquera que esté bien arreglado, cógese un semicírculo graduado, cuyo centro se ha de poner horizontalmente sobre la recta A Z en el punto S, que es donde cruza con la perpendicular M Q; y sacando el perpendículo de modo que caiga sobre el verde del semicírculo, váyase llevando hacia un lado ó hacia otro hasta que la sombra del hilo caiga rectamente y haga sombra sobre la perpendicular M Q, que es la línea del mediodía; y si cuando hace la sombra el perpendículo está en el punto

X como en esta figura, es señal que la pared declina veinticinco grados á poniente, y con esta declinación se ha de formar el reloj; y si como el perpendículo está hacia la mano derecha estuviera hacia la izquierda, es señal de que declinaba la pared los mismos veinticinco grados de mediodía á levante. Este es el mejor, más fácil y más seguro modo de tomar la declinación de las paredes; y sólo se advierte que esta operación se puede hacer en cualquier tiempo del año, con tal que se haga siempre á las doce del día, pues si se hace en otra hora no sirve.

Sabida y conocida ya la declinación de la pared, pasaremos á dar reglas para trazar el reloj declinante, el cual se forma de la manera siguiente: tiradas las líneas M Q que se llama vertical y meridional, porque es la línea de las doce, y la línea A Z en ángulos rectos, que los forma en S, desde este punto, con un radio igual al del cuadrante del reloj horizontal de la figura 17, ó mayor ó menor según se quiera, se trazará un arco B C desde la línea vertical M Q hasta la línea horizontal A Z el cual se dividirá en noventa grados de diez en diez, poniéndole si se quisiere en las divisiones sus números diez, veinte, treinta cuarenta, etcétera, hasta noventa del mismo punto B hasta C, y desde B toma los grados de la declinación de la pared, que suponiendo ser veinticinco, será de B á X. Desde este punto X tira una línea recta hasta el punto S, que es donde se cruzan en ángulos rectos la vertical ó meridiana y la horizontal, y esta recta S X es la línea de las doce. A esta línea recta tírale una perpendicular por el punto X que la toque en ángulos rectos, y desde este punto, y con la abertura de compás S X, haz un semicírculo sobre la misma perpendicular. Este semicírculo ó su cuadrante ponle en el reloj horizontal figura 17 y en él toma los espacios de entre las líneas horarias, y trasládalas á esta figura á un lado y á otro del punto S en el semicírculo 6 S 6 por el orden que están en la fig. 17, y se manifiesta en esta 19, y después poniendo la regla en el punto X, desde este punto y por los que señala los espacios horarios, ve tirando líneas hasta que toquen en la horizontal A Z, y las que no pudiesen tocar en esta línea es señal de que el reloj no alcanza á señalar aquellas horas. Hecho esto, desde el punto X tira una perpendicular á Z, que será X P; toma con el compás esta distancia y pásala á la vertical M Q desde S á M, y desde este punto M como centro, ve tirando líneas sobre la horizontal A Z, que pasando por los tocamientos ó puntos que en la dicha horizontal hicieron los espacios horarios, tendrás formado reloj.

El nomon de este reloj se forma tirando una línea desde M á P y á ésta se le saca una perpendicular desde P á H, que sea del mismo largo que M S ó P X, y luego se tira una línea desde M hasta H, y queda formado el triángulo M P H, que cortándole por las líneas P H y H M, y doblándole á plomo y en ángulos rectos sobre P M, señalará las horas, y puede servir de plantilla para otros relojes de la misma declinación.

Aunque parezca confusa, si se toma en la mano el compás y la regla y se tiene delante la fig. 19, la práctica enseña que es el modo más fácil que se pueda discurrir para hacer estos relojes

Si como la declinación fué de mediodía á poniente hubiese sido de mediodía á levante, toda la operación que en esta figura se ha hecho sobre la mano derecha se había de hacer sobre la izquierda, y si la pared mirase al septentrión no hay más que trazar el mismo reloj y ponerle patas arriba: esto es, que la hora de las doce caiga arriba y la letra M caiga abajo. En estas paredes septentrionales son poco usados los relojes por no dar en ellas lo más del año el sol; pero porque no le falte regla al aficionado, decimos que el reloj vertical meridional que sirve para una fachada septentrional declinante.

CAPITULO IX

RELOJ LATERAL ORIENTAL

Hemos dicho al principio que había otro relojes verticales laterales, en los cuales declinaba tanto la pared del mediodía que miraba de fachada al oriente ó al occidente. Pues si acaso se hallase alguna pared que mire derechamente al oriente, se trazará en ella el

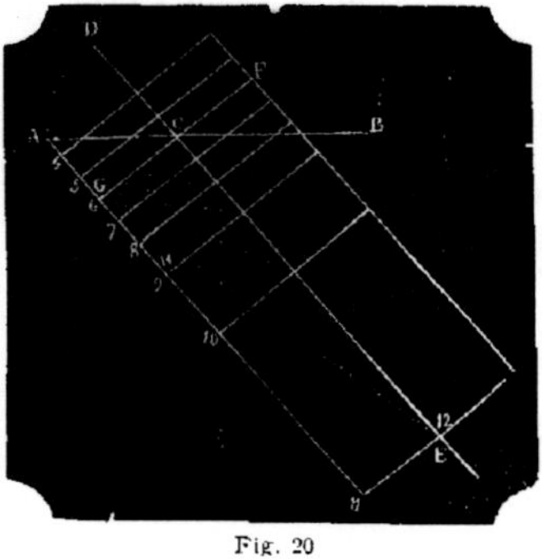

Fig. 20

reloj lateral oriental de este modo: tírese la línea horizontal A B (fig. 20), y desde el punto C descríbase el arco A·D del complemento de la altura del polo que en Madrid es cuarenta y nueve grados y treinta y tres minutos, y habiéndose tirado la línea D E á discreción, se cortará en ángulos rectos con la línea G F, que representa el eje del mundo y en este reloj sirve para las seis de la mañana, y tomando por estil ó varilla la línea G C se describirá la cuarta de círculo G C H, que se dividirá en seis partes iguales, y luego desde G, como centro, por los puntos de las divisiones se tirarán líneas ocultas hasta llegar á la línea C E, que es la línea de la contingencia Después en cada toque de éstos se cortará la dicha línea C E con otras líneas paralelas á la línea G F, y éstas serán las líneas horarias como se manifiesta en la figura. El estil ó varilla de este reloj es G H puesto en C á ángulos rectos con la pared. A la parte de arriba se añaden las líneas para las cinco y para las cuatro á igual distancia que de las seis á las siete y de las siete á las ocho.

Si se ofreciere hacer algún reloj lateral occidental en alguna pared que mire derechamente á poniente, se trazará del mismo modo que el antecedente, con sólo advertir que el arco A D y todo lo demás que en el oriental se toma á mano izquierda puestos enfrente de la pared, en este occidental se ha de tomar á mano derecha. Estos relojes están poco en uso, así como el septentrional; pero hemos dado sus reglas de construcción para que nada le falte al aficionado.

CAPITULO X

REGLA MUY CURIOSA PARA PONER LOS SIGNOS EN TODOS LOS RELOJES DE SOL

El poner los signos en los relojes de sol, aunque no es cosa necesaria, es sumamente curiosa, pues con ella no solamente se sabe qué hora es, sino que también se ve en qué signo anda el sol todo el año, y es cosa que la han escrito pocos, y á lo menos en nuestra lengua castellana; y la escribo deseando que todos se aprovechen, y sepan cuánto hay que saber en esta materia de relojes.

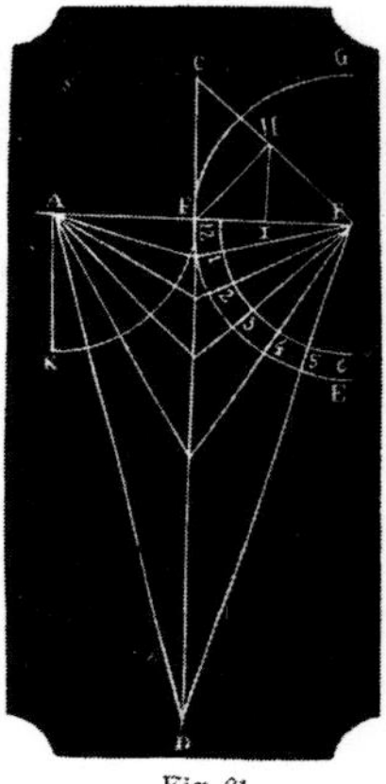

Fig. 21

Le parecerá al lector cosa muy dificultosa y obscura la que emprendemos, pero con ejercicio y práctica la hallará fácil y clara; y empezando por el reloj horizontal, se ha de notar que antes de entrar en él se ha de formar un reloj horizontal, como el que describe Arfe en la figura 3, y se pone en la fig. 21, aunque con más claridad, y se forma de este modo: Tírese la horizontal A B, y la vertical C D. Desde el punto B descríbase el semicírculo B E E G, y fórmese el ángulo F B C de cuarenta grados y medio que es la altura del polo de Madrid, con lo cual queda formado el ángulo F C B, que es el complemento de la misma altura de polo, y queda formado el nomon de este reloj, que es el triángulo B F C semejante ó proporcional al nomon ó triángulo C L M que pusimos en el reloj horizontal figura 17. Tírese después desde F la línea F H perpendicular á C B, que es la equinoccial, y por el punto H otra perpendicular á F B, que será H I, la cual es el nomon recto ó varilla de este reloj y su sitio. Luego desde el punto F, con el radio C F, hágase la cuarta de círculo F A K, y divídese en seis partes iguales, y desde el centro A á la vertical C D se tirarán líneas que pasen por dichas divisiones, desde cuyos tocamientos se les dirigirá al centro B, y donde corten la cuarta del círculo F E serán las horas. Trasládense éstas correspondientemente á la otra cuarta F G, quedarán marcadas todas, y finalizado el reloj. Su colocación es la misma que dejamos dicha en el otro reloj horizontal, fig. 17.

Trazado así este reloj, para pasar á poner los signos, así en este como en otro cualquiera reloj horizontal, se ha de tirar la línea perpendicular M R (fig. 22) y desde el punto M, con un radio á lo menos igual á B D de la fig. 21, se describirá el arco P Q, que tenga veinte y tres grados y medio á cada lado de la M R, que es la máxima declinación del sol, y por el extremo de estos arcos tiraremos las líneas P M y Q M. Luego para allar las declinaciones de los demás signos intermedios servirá la tabla de la declinación del sol que después se pondrá, en la cual hallaremos once grados y treinta minutos para Tauro y Escorpión, y veinte grados y doce minutos para Géminis y Sagitario: tomando pues estos grados y minutos el arco P Q á un lado y otro de la equinoccial M R, quedará hecha la figura; en la cual se pondrán los caracteres de los signos en sus debidos lugares, como ella misma lo manifiesta copiándolos de figura 6 de este tratado.

Esta figura así hecha es menester observarla con cuidado, porque nos ha de servir de dechado y prototipo para poner los signos en todo género de relojes.

Estando así formada la figura antecedente, para poner las líneas de las sombras que hace el nomon en el reloj, lo primero que se ha de hacer es irse al reloj horizontal de la figura 21, y tomar con el compás la línea B H, y trasladarla en la fig. 22 desde M N formando ángulos rectos con M R, y despues se tomará la por-

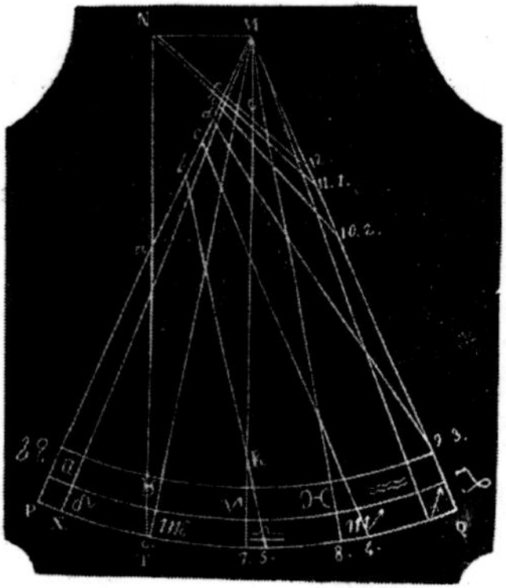

Fig. 22

ción F H, y se trasladará también desde M á O, y por este punto O se tirará la línea N O, de forma que este triángulo M N O es igual al triángulo del reloj F H B: y la línea N O, alargada hasta la línea M Q, que es el trópico de Capricornio, es la linea de las doce. Después desde N hasta T se tirará N T paralela á M R, y dicha paralela será la línea de las seis. Ahora para las demás horas hemos de tomar con el compás en el reloj horizontal de la figura 21 lo que hay desde el centro B hasta los cortes ó toques de las líneas horarias en la equinoccial F D, y trasladaremos estas distancias á la presente figura puesto el un pie del compás en el punto N, que representa el centro del reloj, y el otro en donde alcanzare el equinoccial M R; y señalados puntos en ella, se pasarán por ellos líneas desde el punto N, cruzando todos los rayos del sol en el zodíaco, que es lo que representa esta fig. 22, pues en ellas tenemos todas las longitudes de las sombras que hará el estil ó varilla con el reloj, entrando el sol en cada uno de los signos, los cuales pondremos en el reloj horizontal de esta manera: Lo primero se delineará el reloj con sus líneas horarias, como se ve en la fig. 17 y mejor en la fig. 24 que se trazará bajo las mismas reglas que aquéllas; y hecho esto, se toma con el compás en la figura 22 la distancia que hay desde el punto N hasta cada corte de los rayos del sol, que son las líneas que bajan desde el punto M hasta el arco P Q, y esta cantidad se irá trasladando al reloj de la fig. 24 desde el centro hasta donde alcanzare la línea horaria; v. g. para las seis toma en la fig. 22 la distancia que hay desde N hasta el punto en que corta la M P la línea de las seis, que es en *a*, y ponla en la fig. 24 desde el centro del reloj á una y otra parte sobre la línea de las seis, y luego se pone el signo de Cáncer, como se ve en la figura. Hecho esto se toma la distancia que hay desde N hasta el punto en que corta la línea M P á la línea de las siete y de las cinco, que es en *b*, y ponla desde el centro del reloj á una y otra parte sobre la línea de las siete y de las cinco, que llegará á *b* y *b*. Se toma luego la distancia de N hasta donde corta la M P la línea de las ocho y de las cuatro, que es en *c*, y se pone desde el centro del reloj á una y otra parte sobre la línea de las ocho y desde las cuatro, que alcanzará hasta *c* y *c*, y se va prosiguiendo así la operación hasta poner la distancia de la línea de las doce, que es desde N á *g*. en la fig. 22, y llegará en el reloj desde el centro M hasta *g*, Después que todos estos puntos que se han señalado en las líneas horarias del reloj fig. 24 se va trazando de punto la curva *a g a* hasta tocar en la extremidad del reloj, procurando que no haga ángulo alguno, la cual es una prueba de pasado y señalado los puntos de precisión y exactitud, y quedará hecho el arco del trópico de Cáncer, como se ve en la figura. Lo propio se hará después con las distancias que hay en la fig. 22 desde N á los cortes de las líneas horarias en la línea M X, que es la del rayo del sol signos de Géminis y Leo, y trasladándolas al reloj por el órden que lo hemos hecho para el arco del trópico de Cáncer, quedarán marcados todos los puntos por donde trazaremos el arco de Géminis y Leo, en el cual se colocan estos signos, como se ve en la misma fig. 24. Por este mismo órden. y bajo las mismas reglas que omitimos expresar aquí para evitar repeticiones cansadas y molestas, se formarán los demás arcos, y poniendo en ellos las figuras de sus respectivos signos, quedará concluída la operación. Pero se ha de advertir que cuando se llegue á la línea de los signos de Píscis y Escorpión, no se toman distancia para las siete ni para las cinco, porque en esta línea no hay cortadura suya, como se ve en la fig. 22, y así empezarás por la de las ocho de las cuatro, y en la línea de los signos siguientes empezarás por la distancia de nueve y tres, por cuanto no hay cortaduras de las línea horarias anteriores.

Falta sólo advertir que en la (fig. 23) damos trazado

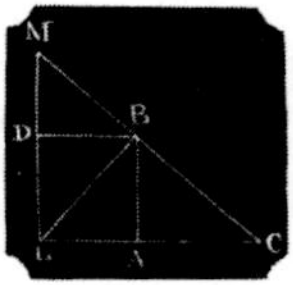

Fig. 23

un nomon proporcional al del reloj horizontal, fig. 17, y también al de la fig, 21, en el cual delineamos la varilla ó nomon recto de cualquier reloj, sea horizontal ó vertical, porque el nomon recto del reloj horizontal en la línea A B de la misma (fig. 24) y el sitio ó lugar donde se debe colocar en ángulos rectos es tomando la distancia que hay desde C á A; y poniendo un pie del compás en el centro del reloj, el otro señalará donde se ha de poner. El nomon recto del reloj vertical es la línea B D, y el sitio ó lugar donde se debe colocar es en la línea de estil, tomando la distancia M D desde el centro del reloj abajo. Esto supuesto, se hace saber que en los relojes con signos siempre se ha de poner varilla en ángulos rectos, y si se quiere poner triángulo en los horizontales ha de ser del tamaño de A B C, y en los verticales del de B M D; porque la punta del nomon, que es la que hace las sombras en los arcos de los signos, no puede ser más larga que la varilla. Y todo esto se entiende guardando la proporción del tamaño del reloj; porque si la vara del nomon del reloj, ya sea horizontal ó ya vertical,

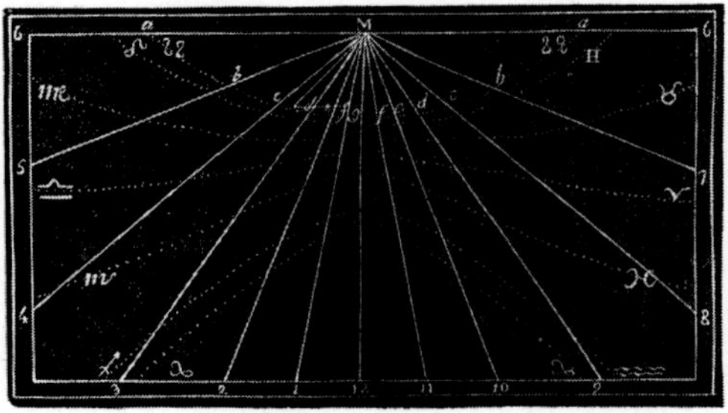

Fig. 24

tuviere dos varas de largo, la varilla ó nomon recto ha de tener una de alto.

Explicado y entendido el modo de poner los signos en el reloj horizontal, es muy fácil ponerlos en los demás relojes; porque para ponerlos en el vertical meridional no hay más que hacer otros dos prototipos como los de las figuras 21 y 22 con la diferencia de que, así como en la fig. 21 para hacer el semicírculo del reloj horizontal se tomó por diámetro la línea B F, se ha de tomar la línea F C para hacer el semicírculo del reloj vertical. Y así como en la fig. 22 se tomó la línea M N igual á B H para el horizontal, ahora para el vertical se ha de tomar igual á H C, y el nomon recto ó varilla es la línea B D de la fig. 23, como ya dejamos explicado, y los signos se han de trocar; de manera que en donde está Cáncer en el horizontal, ha de estar Capricornio en el vertical meridional; y en donde están Géminis y Leo, han de estar Acuario y Sagitario, etc. Lo demás de la operación todo es como dejamos dicho en el horizontal.

Para poner los signos en el reloj vertical declinante podría servir la misma pauta y regla que dejamos dada en el reloj antecedente: pero conociendo que habrá pocos que acierten á hacerlo de esta manera, y deseando que todos entiendan lo que se va tratando, nos ha parecido conveniente explicarlo más por exten-

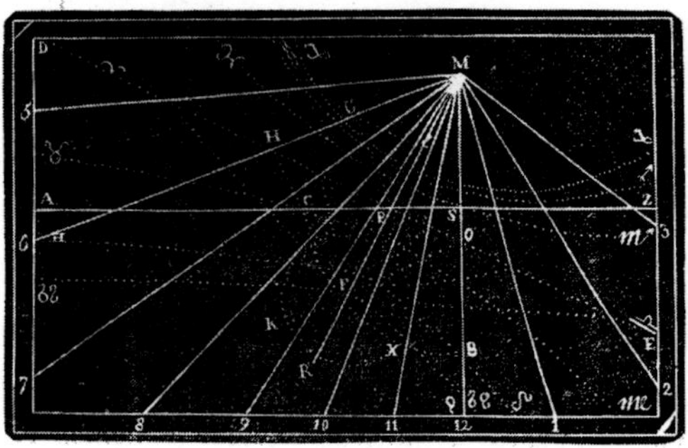

Fig 25

so, para lo cual delinearemos otro reloj declinante de mediodía á levante, distinto del que pusimos en la figura 19, declinante de mediodía á poniente, el cual se traza de esta manera: Tírese la perpendicular M Q (fig. 25), y luego sobre ella la horizontal A Z, que forman ángulos rectos en S, y desde este punto con la abertura del compás de la cuarta de círculo fig. 16 ó de los otros relojes, descríbase la cuarta del círculo B C, y en ella tómase la declinación de la pared desde B hasta X que suponemos ser de veinte y cinco grados. Desde este punto X levántese la línea X P perpendicular á la línea A Z, y trasládese esta distancia

X P desde S á M. Desde este punto M tírese la recta M R que pase por el puesto P, la cual es la del estil: crúcese luego esta línea en ángulos rectos por el punto P con la línea D E, que es la equinoccial. Póngase luego la distancia P X desde P hasta H, y tírese la línea M H que es el eje del mundo. Desde esta línea tírese la perpendicular G P, y esta misma línea transfiérase á la línea del estil desde P hasta F, y desde este punto, como centro, descríbase un círculo á discreción, y por el mismo centro F y el corte que hace la equinoccial con la meridiana, que es en O, tírese el diáme-

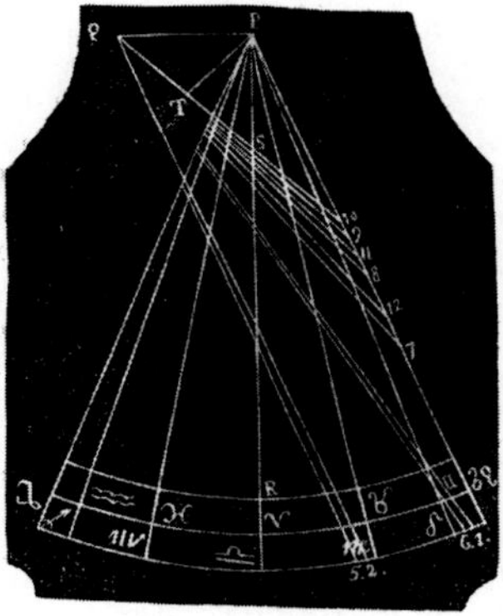

Fig. 26

tro K O; divídase después el círculo dicho en veinte y cuatro partes iguales, y por estas divisiones desde el centro F se tirarán líneas ocultas hasta tocar en la equinoccial D E. Luego por estos tocamientos, y desde el centro M, se tirarán las líneas horarias, advirtiendo que la línea de las doce es la primera que se tiró perpendicular, y que como este reloj, cuya pared declina de mediodía á levante, tiene las horas, estil y declinación á mano izquierda, que es poniente, si declinara á poniente tuviera las horas y toda la operación al contrario como se ve en la fig. 19.

El nomon de este reloj es el triángulo M P H igual al de la fig. 19; pero para poner en él los signos, ha de ser del tamaño del triángulo M L G, y lo mejor es poner en el punto L una varilla ó estil en ángulos rectos con la pared que tenga el largo de L á G, y no más.

Delineado así el reloj, para poner en él los signos se hará lo primero la fig. 26, que la de los rayos del sol en el zodiaco, según lo que hicimos para el reloj horizontal; y habiendo tirado la línea P Q perpendicular á P R y del tamaño de M G del reloj declinante, se tomará luego la porción de M P de dicho reloj, y se trasladará á la fig. 26 desde Q hasta S, esto es, hasta donde llegare á alcanzar en el rayo del sol en la equinoccial P R; de manera que el triángulo P Q S es el mismo que M G P del dicho reloj, y el punto P corresponde al punto G del reloj, el punto Q á M, y el punto P S del mismo reloj.

Esto entendido, puesto en un pie del compás en el centro M del reloj, con el otro se irán tomando las distancia de las líneas de las horas hasta los cortes de la equinoccial D E, y se irán trasladando á la fig. 26, desde Q, que representa el centro del reloj hasta donde el otro pie del compás llegare á alcanzar en el rayo de la equinoccial P R; y habiendo marcado en él todos los puntos que puedan llegar á alcanzarle desde el centro Q, se tirarán por ellos líneas que crucen los rayos del sol, y al extremo de ellas se señalará en cada una la hora que representa. Y se ha de notar que no vendrán á estar por orden las horas, antes bien estarán entreveradas ó mezcladas unas con otras, y algunas de la mañana entre las de la tarde, y al contrario, lo cual se ha de notar mucho, para que después al tomar las cantidades de las sombras, no se confundan tomando una por otra.

El estil ó varilla de este reloj será la línea P T de la fig. 26 perpendicular á Q S, é igual á la G L del reloj, la cual se ha de poner en ángulos rectos en la pared, distante del centro del reloj lo mismo que Q T ó M G. Dispuesta así esta figura del mismo modo que en el reloj horizontal, se tomarán las distancias que hay desde Q hasta cada punto en la línea horaria cruza ó corta el rayo ó línea de cada signo, y se irán trasladando estas distancias al reloj desde el centro hasta donde el otro pie del compás alcanzare en la respectiva línea horaria, por lo cual tomamos las cantidades de las sombras, y así se proseguirán todas las horas y signos formando sus arcos, como se ve en la fig. 25.

Para poner los signos en los relojes septentrionales declinantes se observa el mismo método, sólo que se han de trocar los signos, de forma que el trópico de Cáncer venga á estar más cerca del centro del reloj, que es como se pusieron en el reloj horizontal fig. 24.

Réstanos ahora dar reglas para poner los signos en los relojes laterales, que son el oriental y el occidental, para lo cual se formará la fig. 27 de los rayos del sol en el zodíaco, según queda dicho para el reloj horizontal. Después se va al reloj lateral, al cual queremos poner los signos, y sea v. g. el de la fig. 28, que es oriental, y se toma el semidiámetro G C, el cual se traslada á la fig. 27 desde A hasta donde llegue el otro pie del compás en el rayo ó línea de la equinoccial A B, y allí se señala un punto por el cual se la corta en ángulos rectos con otra línea que cruce todos los rayos del sol. Esta línea determinará todos los signos, y en ellos las cantidades de sombra para las seis. Del mismo modo desde el centro G de la fig. 28 se irán tomando todas las distancias que hay hasta cada corte de las líneas horarias en la equi-

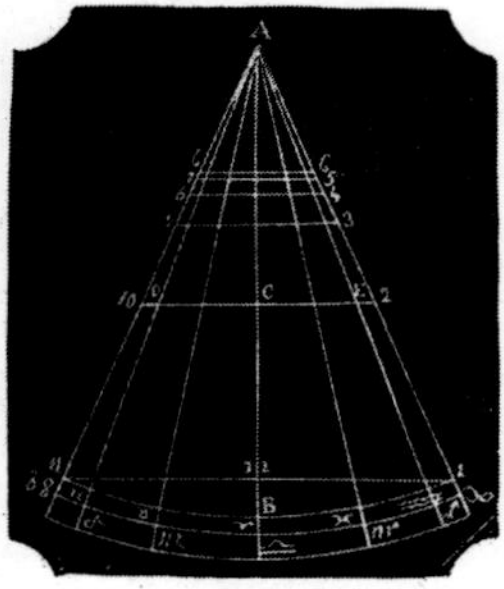

Fig. 27

noccial C E, las cuales se irán trasladando á la línea A B fig. 27 desde el punto A hasta donde alcancen en dicha línea A B, y por éstos puntos se tirarán líneas que la crucen en ángulos rectos por todos los rayos del sol.

Para señalar después los signos en el reloj, se tomará lo que hay desde la equinoccial A B de la fig. 28 desde la equinoccial C E hasta donde llegare en la línea horaria que la corresponde v. g. para las diez y para las dos de Cárcer y Capricornio, se tomará la porción C D de la fig. 27, y se trasladará al reloj de la fig. 28 desde H hasta I y K de la línea horaria de las diez.

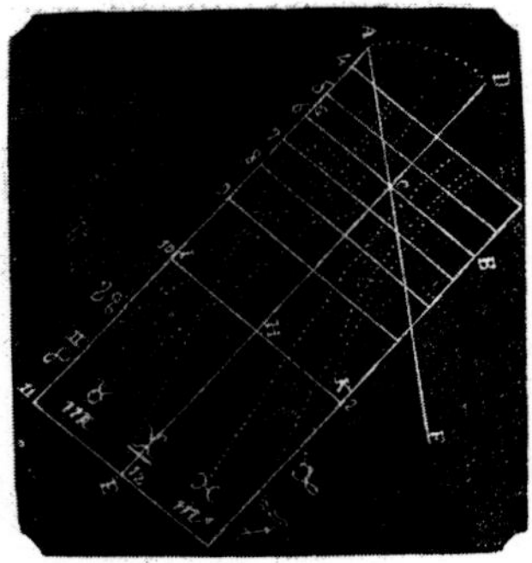

Fig. 28

El estil ó varilla de este reloj dejamos ya dicho, cuando tratamos de él, que es la línea G C puesta en ángulos rectos con la pared en el punto C. Del mismo modo que se ha hecho aquí para poner los signos en el reloj lateral oriental, se ha de hacer si se quisieren poner en el reloj lateral occidental.

ASTRONOMÍA

La astronomía es la ciencia de las estrellas, planetas, cometas y demás cuerpo celestes, como también la de sus movimientos, magnitudes, luz y distancia. Su origen es muy confuso en lo antiguo. Cerca de dos siglos hace que está haciendo rápidos progresos la astronomía, y más con el socorro de los anteojos de cristales potentes, telescopios y relojes de péndula real.

Se divide la astronomía en tres partes, que son: esferica, teórica y comparativa.

La astronomía esférica demuestra el común movimiento de las estrellas alrededor de la tierra en 24 horas.

El fin principal de esta ciencia es enseñar el modo de hallar en cualquier tiempo propuesto lo largo del día y de la noche, la salida del sol, de la luna y de las estrellas como también el lugar de cada estrella en el firmamento.

Para poseerla se necesita saber la trigonometría esférica, y esta es también la astronomía de Ptolomeo ó Tolemaica. La astronomía teórica sólo explica la teoría del movimiento de los astros, sin resolver los problemas.

La astronomía comparativa es el arte de señalar el tiempo en que tal cual fenómeno debe suceder, según que el astrónomo observa este ó el otro planeta. Hay también la astronomía física en la cual se examina la naturaleza de los cuerpos celestes y las razones naturales de su movimiento.

Es la astronomía tan útil y preciosa que sería necesarios tomos enteros para circunstanciar sus riquezas.

Buena prueba es que sin ella no hay geografía ni náutica, por ser el alma de estas dos ciencias estimables como precisas. Es constante que no se puede indicar un paraje ó sitio en el globo terrestre, bien sea en tierra ó bien sea en mar, sin saber dos cosas, que son la longitud y la latitud, pero, saldremos de nuestra carrera que es la Relojería, y así volviendo á ella hablaremos de esta ciencia en lo que sea más útil para ella. En la Gnomónica ya han visto nuestros lectores una corta explicación del globo terrestre ó de la esfera. Y ahora les daré unas, aunque limitadas, luces del sol.

DEL SOL

Por de contando el sol es el que nos rige para el arreglo de nuestros relojes. Este es un astro, cuya figura esférica y luminosa, siendo el origen del calor y del fuego, resplandece con propia luz. De dicha luz participan los demás planetas. La mayor distancia del sol á la tierra es 22,374 semi-diámetros de ésta, su distancia de ésta, su distancia intermedia es 22,000, y la más pequeña es 21,626.

DEL AUREO Y EPACTAS

El Aureo número es una revolución de 19 años que tarda la luna en hacer su giro, y al cabo de éstos se vuelve á empezar en el día primero del año (1).

Este Círculo del Aureo número, le ordenaron los atenienses para igualar los años lunares con los solares. Porque siendo el sol de 365 días y 6 horas (menos los 11 minutos escasos) y el lunar de 354, la diferencia de casi 11 días, les dió motivo para observar en qué tiempo volvía la luna á comenzar sus aspectos ó fases otro tal día primero de enero. Pero habiendo acreditado el tiempo que á dicha cuenta del Aureo número se adelantaba el curso de la luna en cada 312 años más de un día, dejaron la sobredicha cuenta en la corrección Gregoriana y en su lugar establecieron las de las Epactas, que al presente se sigue, cuyo órden se forma en la siguiente demostración:

Aureo número	1	2	3	4	5	6	7	8	9	10	11	12	13	14	15	16	17	18	19
Epactas. . . .	11	22	3	14	25	6	17	28	9	20	1	12	23	4	15	26	7	28	

(1) Esto es, que en dichos 19 años hace la luna todas las diferencias de fases, y acabadas comienzan las mismas, aunque no á las mismas horas.

Hiciéronse cargo que empezando el Aureo número ó curso de la luna, el día primero de enero, que los casi 11 días sobrantes de aquel año, eran entrada para el segundo, como se demuestra en esta cuenta, en la que prosiguiendo con el mismo orden, resulta que al cumplir los 19 años salen 18 años, que son 18 de Epacta más, se concluye con la cuenta del dicho Aureo número, en cuyo círculo se adelanta el curso de la luna 1 hora, 28, minutos, 3 segundos 2 y $^{15}/_{8}$ y siguiendo este rumbo se disponen los almanaques públicos.

Para sacar esta cuenta del Aureo número, hay reglas muy breves y fáciles. La más clara es añadir á cualquier año uno más (por haber entrado el año bisiesto que febrero lleva 29 días y los 4 restantes 28, con Aureo núm. 1) y partir por 19. El número sobrante será el Aureo número, y el tal número sobrante la Epacta que le corresponde se hallará en la precedente tabla, v. gr.

Quiero saber qué Aureo número fué el año de 1780: añadiendo 1 más son 1781, y partidos éstos por 19, sobran 14 y este fué el Aureo número de aquel año, y en dicha tabla veo que el número 14 le corresponde la Epacta 23.

Quiero saber qué Aureo número y Epacta corresponderán al año 1793: añado 1 y divido por 19 sobran 8 de Aureo número y á éste corresponden en dicha tabla 17 de Epacta.

Siguiendo este mismo orden se puede saber de otro cualquier año, mientras no haya alguna novedad en la Epacta, la que con precisión es de haber (según afirma el padre Hualde) en el centésimo que no se intercale el día de bisiesto, el cual ha sido el año 1700 y la hora al terminar el del 1799.

Nos explicaremos. El año de 1799, sobraron de la Epacta, y para el siguiente año sólo tomaron 9, porque quitaron una Epacta para las ecuaciones de la luna.

DE LA LETRA DOMINICAL

Esta sólo la ponemos como algunas antiguas la tienen, y para que el lector aficionado sepa lo que es.

Por las 7 primeras letras se numeran los 6 días de la semana, contando por su orden a, b, c. d, e, f, g, que es lo mismo que decir 1, 2, 3, 4, 5, 6, 7, y teniendo el año 365 días, hacen 52 semanas y un día. Supuesto

esto, por tener necesidad los relojeros de saberlo para ponerlo aquellos.

La luna de marzo tiene dispuestos estos números ó letras equivalentes, contándolas retrógradamente de este modo:

1,	2,	3,	4,	5,	6,	7,
G.	E.	F.	D.	C.	B.	A.

Estas siete letras contadas por este orden, equivalen á los siete números referidos, y se reparten y destinan de este modo: para el lunes la G, para el martes la E, para el miércoles la F, etc.

Advertimos esto, porque el año bisiesto tiene un día más, y esto sirve á aquel año dos letras: la una hasta el día de san Matías y la otra hasta el resto del año. Puede cualquier curioso inteligenciarse en esta dicha cuenta con facilidad.

DEL CICLO SOLAR

El ciclo solar es un período de 28 años, después de los cuales los domingos y demás días de la semana, esto es, la letra dominical, vienen á hallarse en su primer orden. El ciclo se acaba siempre el año bisiesto: de suerte que se inventó el ciclo para poder determinar en cualquier año, en qué días caen los domingos. Además de esto los cronologistas se sirven de ciclo para saber los años que han pasado desde el principio del mundo hasta ahora, de este modo:

Se tomará el principio del ciclo desde 9 años antes de la era cristiana al de 1850, añadiéndose otros 9, serán 1858, divididos éstos por 28, el sobrante 25 será el ciclo solar de este dicho año de 1850.

DE LOS SIGNOS

Los astrónomos llaman signos celestes á las doce constelaciones que dividen la eclíptica en doce partes, para servirme de ellas en los doce meses. Sus nombres son estos:

Aries.	Cáncer.	Libra.	Capricornio.
Tauro.	Leo.	Escorpio.	Acuario.
Géminis.	Virgo.	Sagitario.	Piscis.

Estos se dividen en signos septentrionales y meridionales, según están en la parte septentrional ó meridional de la eclíptica. Los seis primeros son meridionales, y los seis segundos son septentrionales.

El sol entra cada mes en uno de ellos. Por ejemplo en marzo en Aries. en Abril en Tauro, etc.

También se distinguen en signos ascendentes y descendentes. Los primeros son los que el sol camina al subir hacia nuestro polo, y acercándose por consiguiente al mediodía del cénit; en la parte boreal del mundo, que es la que estractamos, está Aries, Tauro, Géminis, Leo y Virgo. Los otros seis ocupan la parte austral (1).

Mediante los signos ascendentes se determina en qué tiempo crecen los días: y al contrario los signos descendentes demuestran los días en que el sol se va alejando poco á poco de nuestro polo, retirándose por consiguiente del cénit.

Para que no parezca al público lo que arriba dije del carrovolante, trataremos abreviadamente de estos mismos signos en términos de astrología.

Digo, pues, que los astrólogos suponen unas virtudes particulares á los signos; y que empezando por Aries, Leo, Sagitario, dícese que son fogosos, áridos y coléricos; los signos Tauro, Escorpio y Capricornio, son terrestres, secos y melancólicos: los signos Géminis, Libra y Acuario, aéreos, húmedos y sanguíneos: los signos Cáncer, Virgo y Piscis, acuosos, fríos y flaméticos. Y de aquí concluyen que los tres signos Aries, Leo y Sagitario forman el triángulo del fuego; Tauro, Escorpio y Capricornio el triángulo terrestre; Géminis, Libra y Acuario el triángulo del aire; y Cáncer, Virgo y Piscis el triángulo del agua. Á los seis signos Aries, Géminis, Leo, Libra, Sagitario y Acuario les llaman femeninos y nocturnos.

Llaman también los astrólogos comandantes á los seis signos septentrionales, y obedientes á los otros seis meridionales. Y final (aquí es ello) los distinguen, bajo los nombres de signos fecundos, signos de pocos hijos, estériles, humanos, razonables y de buena voz, de voz mediana, mudas, gordos, flacas, robustas, nerviosas, enfermizas; de buen entendimiento, elocuentes,

(1) Estos son: Libra, Escorpio, Sagitario, Capricornio, Acuario y Piscis.

amigas de la astrología y cuentas filosóficas, músicas, viciosas, lujuriosas y coléricas. Así lo afirma Saverien.

No he hallado que haya signos insensatos: Consistirá en que algunos astrólogos habían conservado este nombre para sí.

Puede ser que nos digan que confundimos la astronomía con la astrología, á lo que respondemos, que la astrología en esta parte esta parte es falsa; y que la astronomía en cuanto á haber habitantes en la luna, no sabemos si es verdadera. El amor á una ciencia nos hace á veces pasar más allá de sus límites. Luego qué extraño será que un cuerpo celeste como la luna, que está tantos millares de leguas; que no tenemos telescopios ni anteojos por bien fabricados que sean, que nos distingan más circunstancialmente los objetos que vemos en ella y aun cuando está fuera de nuestros alcances, no podemos ir á inspeccionarlo.

No negamos que las manchas que en ella se descubren, no reverberan tanto como el resto de la luna, y pues el agua no reverbera tanto como la tierra, de aquí se infiere sean aquellas manchas agua, y por consiguiente mares. Tampoco negamos se descubre alrededor de ella atmósfera. Pero nos parece que el negar que hay habitantes, así en ella como en los demás astros se acomoda más á la sagrada Escritura y á la razón natural. A no sentir con otros naturalistas que se corroboran con su contrario dictamen, esponiendo que no se debe coartar el poder y sabiduría del Criador del mundo en uno sólo, pues si es el nuestro es una sola estrella, cada cual de por sí puede ser otro nuevo mundo desconocido á los cortos alcances de las criaturas del nuestro, en donde después de una infinidad de años apenas descubrieron las tierras del hemisferio occidental, sin conocer todavía las australes ni aun las boreales.